Helmuth Villavicencio Fernández

Tópicos en Espacios Métricos

Helmuth Villavicencio Fernández

Tópicos en Espacios Métricos

Teoría clásica y un enfoque a la convexidad

Editorial Académica Española

Imprint

Cover image: www.ingimage.com

Publisher:
Editorial Académica Española
is a trademark of
International Book Market Service Ltd., member of OmniScriptum Publishing Group
17 Meldrum Street, Beau Bassin 71504, Mauritius
Printed at: see last page
ISBN: 978-620-3-03611-4

TÓPICOS EN ESPACIOS MÉTRICOS

Teoría clásica y un enfoque a la Convexidad

Helmuth Villavicencio Fernández

Prefacio

A medida que nos adentramos al estudio de las diversas áreas en Matemáticas, comenzamos a tener presente la noción de cercanía entre puntos. Un ejemplo de ello se da en el Cálculo Diferencial con la noción de punto de acumulación, el cual es necesario para la formulación del concepto de límite. Otro ejemplo es la noción de convergencia de secuencias en el Análisis Real y, de esta forma, podríamos mostrar más situaciones donde la noción de cercanía esté presente.

Por ejemplo en Geometría Analítica, al buscar la separación mínima entre un punto y una recta o un plano. Así, en el plano $\mathbb{R}^2$, el punto $A = (1/2, 5/4)$ y la recta cuya ecuación es dada por $y - 2x + 1 = 0$ tienen una separación mínima de $\sqrt{5}/4$. Por otro lado, el punto $B = (9/8, 5/4)$ pertenece a la recta y se encuentra a $5/8$ del punto A. De esta manera, el punto B no realiza la separación mínima. Para entender por qué ocurre ello, notemos que en el plano ya tenemos fijada de antemano una asignación entre dos puntos del plano y un número real, dicha asignación la conocemos como *distancia euclidiana* entre puntos del plano. Cuya fórmula es la siguiente:

$$\text{distancia}((x_1, x_2), (y_1, y_2)) = \sqrt{(x_1 - y_1)^2 + (x_2 - y_2)^2},$$

por tanto, para lograr la separación mínima se consideran todas las distancias del punto A con los puntos de la recta y se elige el ínfimo de aquellos valores. Con esto en mente, es natural pensar que si cambiamos la forma de obtener la distancia entre los puntos del plano es posible obtener que el punto B sea quien realice la separación mínima. En efecto, esto es cierto si consideramos la distancia inducida por la *norma de la suma* en el plano:

$$\text{distancia}((x_1, x_2), (y_1, y_2)) = |x_1 - y_1| + |x_2 - y_2|.$$

Esto nos muestra que las propiedades geométricas, como la separación mínima del caso anterior, son relativas a lo que se entienda por una distancia en el espacio ambiente. Del mismo modo, las propiedades inducidas por la noción de cercanía serán relativas.

A simple vista pareciera que podemos tomar cualquier asignación para obtener distancias entre puntos, lo cual está muy lejos de ser cierto dado que toda asignación que defina una distancia debe tener ciertas propiedades naturalmente esperadas y satisfechas por la distancia usual en el plano. Una de estas propiedades es la *positividad*, es decir, la distancia entre dos puntos diferentes debe ser un número positivo. Otra es la *simetría*, esto es, la distancia entre dos puntos debe ser la misma no importando cualquier permutación de ellos. Por último, la *desigualdad triangular* es una propiedad por la cual la distancia entre dos puntos no sobrepasa a la suma de las distancias entre dichos puntos y un tercero.

Así, una asignación para una distancia en un determinado espacio ambiente será aquella que cumpla las tres propiedades mencionadas y el par, espacio ambiente y distancia, será llamado Espacio Métrico.

En general, el estudio clásico de los Espacios Métricos está soportado en el análisis de las asignaciones que generen una distancia para los puntos del espacio. Lo cual permite generalizar muchos resultados conocidos en el Análisis donde la noción de cercanía este presente. Es por ello que los Espacios Métricos son los ejemplos más ricos de Espacios Topológicos y su estudio es fundamental para la formación académica de un Matemático. Motivados por esto presentamos, a través de ejemplos y ejercicios, la teoría clásica de los Espacios Métricos y un enfoque a los Espacios Métricos Convexos.

A continuación describiremos el contenido de este libro:

En el Capítulo 1, hacemos un primer acercamiento al estudio clásico de la estructura métrica al considerar como espacio ambiente un espacio vectorial, en consecuencia, estudiamos los Espacios Normados y entre los principales resultados probamos que todo espacio vectorial, no importando su dimensión, puede ser dotado de una norma no trivial y estudiamos el comportamiento de las p-normas para todo $p > 0$.

En el Capítulo 2, estudiamos los Espacios Métricos desarrollando las nociones clásicas de diámetro de un conjunto, convergencia de secuencias, continuidad, completitud, conexidad, compacidad así como algunas aplicaciones como el probar que para todo $n \geq 2$, $\mathbb{R}^n$ no es homemorfo con $\mathbb{R}^n \setminus \{0\}$ y la caracterización de la completitud a través de una variante del Teorema del punto fijo de Banach.

Finalmente, en el Capítulo 3, motivados por la búsqueda de generalizaciones para la implementación de las técnicas en Análisis Convexo y Teoría del punto fijo, estudiamos la noción de convexidad en un espacio métrico que no necesariamente sea lineal, dando lugar a los Espacios Métricos Convexos introducidos por Takahashi. Estudiamos las propiedades de los conjuntos W-convexos, las funciones W-convexas y presentamos algunas aplicaciones a la Teoría del punto fijo a través de los criterios para aplicaciones de tipo Laskar.

Espero que el contenido de esta obra sea de utilidad para todos los lectores.

Me permito expresar mi más profundo agradecimiento, a las autoridades del Instituto de Matemática y Ciencias Afines (IMCA) por todo el apoyo brindado durante la elaboración del presente texto.

Helmuth Villavicencio Fernández

Contenido

Capítulo 1

Un primer acercamiento: Espacios Normados

Iniciaremos nuestro estudio haciendo énfasis en las propiedades geométricas sobre un Espacio Vectorial inducidas por una función real denominada *norma* que aprovecha la estructura algebraica del espacio ambiente dando origen a la noción de *espacio normado*. Estos espacios son relevantes dado que son la base del Análisis Funcional y tienen múltiples aplicaciones dentro del Análisis Matemático. Además, como veremos en el siguiente capítulo, estos espacios son los primeros ejemplos de Espacios Métricos.

1. La noción de Espacio Normado

En lo que sigue, vamos a suponer que el lector está familiarizado con las nociones de espacio vectorial, base y dimensión de un subespacio vectorial. Recordemos que todo espacio vectorial $(E, +, \cdot\mathbb{K})$ sobre el cuerpo $\mathbb{R}$ o $\mathbb{C}$ admite una *base algebraica* o *base de Hamel*, esto es, un subconjunto $\mathcal{B}_E = \{v_i \in E : i \in I\}$ tal que todo subconjunto finito F de $\mathcal{B}_E$ es linealmente independiente y para cada $x \in E \setminus \{0\}$, existen $n \in \mathbb{N}$, $i_j \in I$ y $\alpha_{i_j} \in \mathbb{K}$ (únicos) con $j = 1, \cdots, n$ tales que x puede ser escrito como

$$x = \alpha_{i_1} v_{i_1} + \alpha_{i_2} v_{i_2} + \cdots + \alpha_{i_n} v_{i_n}.$$

En adelante, de no haber peligro de confusión, denotaremos al espacio vectorial $(E, +, \cdot\mathbb{K})$ simplemente como E.

Definición 1.1. *Una norma sobre un espacio vectorial* E *es una aplicación de la forma* $\|\cdot\| : E \to [0, +\infty)$ *que satisface las siguientes propiedades:*

(a) $\|x\| = 0$ *implica* $x = 0$.

(b) $\|\lambda x\| = |\lambda|.\|x\|$, *donde* λ *es un escalar y* $x \in E$.

(c) $\|x + y\| \leq \|x\| + \|y\|$, *para todo* $x, y \in E$.

Notemos que en la segunda propiedad (b) se utiliza el módulo complejo siempre que el espacio vectorial E tenga escalares en $\mathbb{C}$. Además, para $\lambda = 0$ se obtiene que

$$\|0\| = 0,$$

por tanto la primera propiedad (a) puede escribirse como

$$\|x\| = 0 \text{ si y solo si } x = 0$$

Por otro lado, cada una de las propiedades de una norma sobre un espacio vectorial, en el orden respectivo, tiene una denominación particular lo cual nos permite definir una norma como una aplicación con valores no negativos que satisface las siguientes propiedades: *positividad, homogenidad* y *desigualdad triangular.*

Definición 1.2. *Sea* E *un espacio vectorial y sea* $\|\cdot\|$ *una norma sobre* E. *El par* $(E, \|\cdot\|)$ *se denomina espacio normado.*

Ejemplo 1.3. La aplicación $\|x\| = 0$ para todo $x \in E$ es trivialmente una norma sobre E denominada *norma trivial.*

Ejemplo 1.4. En la recta real $\mathbb{R}$, el *valor absoluto* $|\cdot|$ es trivialmente una norma dado que se verifican inmediatamente las propiedades que la definen, por lo cual $(\mathbb{R}, |\cdot|)$ es un espacio normado. A su vez, dado $a > 0$, la aplicación $\|x\| = a|x|$ es también una norma sobre $\mathbb{R}$ de modo que existen una infinidad de normas en la recta. Es más, toda norma en $\mathbb{R}$ es de la forma anterior. En efecto, sea $\|\cdot\|$ una norma en recta. Para $x \in \mathbb{R}$, por la homogenidad de $\|\cdot\|$ se tiene que

$$\|x\| = |x| \cdot \|1\| = a|x|, \text{ donde } a = \|1\|.$$

Ejemplo 1.5. La aplicación

$$\|x\| = \sqrt{\frac{x_1^2}{4} + \frac{x_2^2}{5}} \text{ donde } x = (x_1, x_2)$$

define una norma sobre $\mathbb{R}^2$. En efecto; verifiquemos cada una de las condiciones de una norma.

Positividad: Si $x = (x_1, x_2)$ es tal que $\|x\| = 0$ entonces $\sqrt{\dfrac{x_1^2}{4} + \dfrac{x_2^2}{5}} = 0$ luego $x_1 = x_2 = 0$ y por consiguiente $x = (0, 0)$.

Homogenidad: Sean $\lambda \in \mathbb{R}$ y $x = (x_1, x_2)$ entonces $\lambda x = (\lambda x_1, \lambda x_2)$ y así

$$\|\lambda x\| = \sqrt{\frac{(\lambda x_1)^2}{4} + \frac{(\lambda x_2)^2}{5}} = \sqrt{\lambda^2 \left(\frac{x_1^2}{4} + \frac{x_2^2}{5}\right)} = |\lambda| \|x\|.$$

Desigualdad triangular: Sean $x = (x_1, x_2)$ e $y = (y_1, y_2)$. Usando la definición de norma para $x + y = (x_1 + y_1, x_2 + y_2)$ tenemos

$$\begin{aligned}
\|x+y\| &= \sqrt{\frac{x_1^2}{4} + \frac{x_1 y_1}{2} + \frac{x_2^2}{5} + \frac{y_1^2}{4} + \frac{2x_2 y_2}{5} + \frac{y_2^2}{5}} \\
&= \sqrt{\|x\|^2 + \|y\|^2 + \frac{x_1 y_1}{2} + \frac{2x_2 y_2}{5}}
\end{aligned}$$

Note que

$$\begin{aligned}
\frac{x_1 y_1}{2} + \frac{2x_2 y_2}{5} \leq 2\|x\|\|y\| &\iff \left(\frac{x_1 y_1}{4} + \frac{x_2 y_2}{5}\right)^2 \leq \left(\frac{x_1^2}{4} + \frac{x_2^2}{5}\right)\left(\frac{x_1^2}{4} + \frac{x_2^2}{5}\right) \\
&\iff (x_1 y_2 - x_2 y_1)^2 \geq 0.
\end{aligned}$$

Por lo tanto, como la última equivalencia es verdadera, obtenemos

$$\begin{aligned}
\|x+y\| &\leq \sqrt{\|x\|^2 + \|y\|^2 + 2\|x\|\|y\|} \\
&= \|x\| + \|y\|.
\end{aligned}$$

Lo que termina de probar nuestra afirmación.

Respecto a esta norma $\|x\| = \sqrt{\dfrac{x_1^2}{4} + \dfrac{x_2^2}{5}}$ de $\mathbb{R}^2$ podemos preguntarnos si los números 4 y 5, son escogidos al azar o satisfacen alguna propiedad. En relación a esto, notemos que si $x = (x_1, x_2)$ podemos escribir

$$\|x\|^2 = \begin{pmatrix} x_1 \\ x_2 \end{pmatrix}^{\mathsf{T}} \begin{pmatrix} 1/4 & 0 \\ 0 & 1/5 \end{pmatrix} \begin{pmatrix} x_1 \\ x_2 \end{pmatrix},$$

de modo que esta norma es inducida por una matriz. En general, tenemos el siguiente resultado.

Proposición 1.6. *Sea $Q \in \mathbb{R}^{2\times 2}$ simétrica y definida positiva. Entonces, la aplicación $\|\cdot\| : \mathbb{R}^2 \to [0, +\infty)$ dada por*

$$\|x\| = \sqrt{x^\intercal Q x},$$

es una norma sobre $\mathbb{R}^2$.

Ejercicios

1.1 Sea $\|\cdot\|$ una norma sobre E. Pruebe que $p(x) = \|f(x)\|$ es una norma sobre E si $f : E \to E$ es lineal e inversible. Utilice esto para justificar que, en cada caso, las siguientes aplicaciones son normas:

(a)
$$p(x_1, x_2) = \sqrt{10x_1^2 + 2x_1x_2 + 5x_2^2}$$

(b)
$$p(x_1, x_2, x_3) = \max\{|x_3 - 2x_1|, 2|x_2|, |x_1 + x_3|\}$$

1.2 Pruebe que $\|x\| = 3|x_1| + \sqrt{3|x_2|^2 + \max\{|x_3|, 2|x_4|\}^2}$ es una norma en $\mathbb{R}^4$.

1.3 Demuestre la Proposición 1.6.

2. Interpretación geométrica

Dado un espacio normado $(E, \|\cdot\|)$, es importante observar que la desigualdad triangular puede ser interpretada a través del siguiente resultado de la geometría clásica: *la longitud de un lado de un triángulo no puede exceder la suma de las longitudes de los otros dos lados.* Para ver esto, dados x e y forme un triángulo y considere que las longitudes de sus lados son $\|x\|$, $\|y\|$ y $\|x + y\|$ como se indica en el siguiente diagrama:

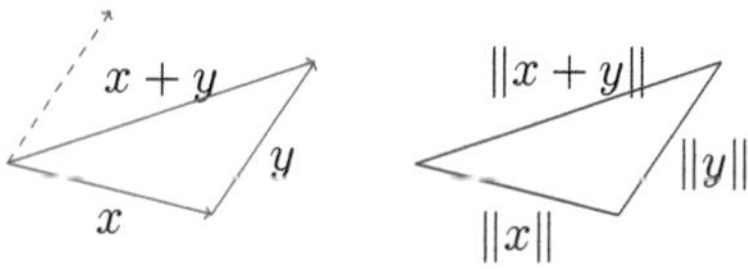

Por otro lado, la desigualdad triangular permite probar otras muy útiles desigualdades para una norma.

Proposición 2.1. *Dados $x, y \in E$, se cumplen*

(a) $\|-x\| = \|x\|$.

(b) $\|x - y\| \leq \|x\| + \|y\|$

(c) $|\,\|x\| - \|y\|\,| \leq \|x - y\|$.

Prueba. La parte (a) se sigue inmediatamente de la homogenidad de la norma. La parte (b) es consecuencia de la parte (a). Veamos la prueba de la parte (c). Por la desigualdad triangular tenemos

$$\|x\| = \|x - y + y\| \leq \|x - y\| + \|y\|$$

de donde $\|x\| - \|y\| \leq \|x - y\|$. Análogamente

$$\|y\| = \|y - x + x\| \leq \|y - x\| + \|x\|$$

por lo cual $-\|y - x\| \leq \|x\| - \|y\|$. Usando (a), $\|x - y\| = \|-(y - x)\| = \|y - x\|$ de modo que obtenemos $-\|x - y\| \leq \|x\| - \|y\| \leq \|x - y\|$. □

Es natural preguntarse cuando la desigualdad triangular se convierte en una igualdad. En la recta $\mathbb{R}$, con el valor absoluto, podemos encontrar una caracterización para esta igualdad. En efecto; dados $a, b \in \mathbb{R}$ notemos que $|a + b|$ y $|a| + |b|$ son no negativos, lo que justifica las siguientes equivalencias

$$\begin{aligned} |a + b| \leq |a| + |b| &\iff (|a + b|)^2 \leq (|a| + |b|)^2 \\ &\iff ab \leq |ab| \end{aligned}$$

Luego la desigualdad triangular se torna una igualdad si y solo si $|ab| = ab$, esto es, el producto ab es no negativo. Sin embargo, en general solo se tiene una condición para la igualdad: *paralelismo.*

Decimos que $x, y \in E$ son paralelos si existe un escalar λ tal que $y = \lambda x$.

El recíproco del resultado anterior, en general, no es cierto.

Ejemplo 2.2. Considere la norma en $\mathbb{R}^2$ dada por

$$\|x\| = \sqrt{\frac{x_1^2}{4} + \frac{x_2^2}{5}} \quad \text{donde } x = (x_1, x_2)$$

Tomando $x = (\frac{1}{2}, 0)$ e $y = (0, \frac{5\sqrt{3}}{4})$ se tiene que $||x + y|| = ||x|| + ||y||$ con x e y no paralelos.

En el caso que la desigualdad triangular sea estricta, es natural buscar refinamientos a dicha desigualdad, en ese sentido se tiene la siguiente mejora

Teorema 2.3. *Dados x e y en $E \setminus \{0\}$ entonces*

$$||x + y|| \leq ||x|| + ||y|| - \left(2 - \left\|\frac{x}{||x||} + \frac{y}{||y||}\right\|\right) \min\{||x||, ||y||\}.$$

Prueba. Sin pérdida de generalidad, asumiremos que $||x|| \leq ||y||$ luego

$$\min\{||x||, ||y||\} = ||x||.$$

Entonces por la desigualdad triangular

$$\begin{aligned}
||x+y|| &= \left\|\frac{||x||}{||x||}x + \frac{||x||}{||y||}y + \left(1 - \frac{||x||}{||y||}\right)y\right\| \\
&\leq \left\|\frac{||x||}{||x||}x + \frac{||x||}{||y||}y\right\| + \left|1 - \frac{||x||}{||y||}\right|.||y|| \\
&\leq ||x||\left\|\frac{x}{||x||} + \frac{y}{||y||}\right\| + \left|\frac{||y|| - ||x||}{||y||}\right|.||y|| \\
&= ||x||\left\|\frac{x}{||x||} + \frac{y}{||y||}\right\| + ||y|| - ||x||
\end{aligned}$$

Por otro lado $||x||\left\|\frac{x}{||x||} + \frac{y}{||y||}\right\| + ||y|| - ||x|| = ||x||\left(\left\|\frac{x}{||x||} + \frac{y}{||y||}\right\| - 1\right) + ||y||$, de donde podemos concluir que

$$\begin{aligned}
||x+y|| &\leq ||x||\left(\left\|\frac{x}{||x||} + \frac{y}{||y||}\right\| - 1\right) + ||y|| \\
&= ||x||\left(\left\|\frac{x}{||x||} + \frac{y}{||y||}\right\| - 2\right) + ||x|| + ||y||
\end{aligned}$$

□

Note que $\left(2 - \left\|\frac{x}{||x||} + \frac{y}{||y||}\right\|\right) \geq 0$, pudiendo ser esta desigualdad estricta. Basta tomar $x = (2, 0)$ e $y = (0, \sqrt{5})$ con la norma del ejemplo anterior. Se obtiene

$$\left\|\frac{x}{||x||} + \frac{y}{||y||}\right\| = \sqrt{\frac{2^2}{4} + \frac{\sqrt{5}^2}{5}} = \sqrt{2}.$$

Luego la desigualdad mostrada es una mejora de la desigualdad triangular.

Ejercicios

2.1 Demuestre que si $x, y \in E$ son paralelos, entonces $\|x + y\| = \|x\| + \|y\|$.

2.2 Dados x e y en E, demuestre que estos vectores verifican

$$\|x + y\| = \|x\| + \|y\| \text{ si y solo si } \|\alpha x + \beta y\| = \alpha\|x\| + \beta\|y\|$$

para cualesquiera $\alpha \geq 0, \beta \geq 0$.

2.3 Dados x e y en $E \setminus \{0\}$, demuestre que

(a)

$$\|x + y\| \geq \|x\| + \|y\| - \left(2 - \left\|\frac{x}{\|x\|} + \frac{y}{\|y\|}\right\|\right) \max\{\|x\|, \|y\|\}.$$

(b)

$$\left\|\frac{x}{\|x\|} - \frac{y}{\|y\|}\right\| \leq \frac{\|x - y\| + |\|x\| - \|y\||}{\max\{\|x\|, \|y\|\}}.$$

(c)

$$\left\|\frac{x}{\|y\|} - \frac{y}{\|x\|}\right\| \leq \frac{\|x + y\|}{\min\{\|x\|, \|y\|\}} + \frac{\|x\| + \|y\|}{\max\{\|x\|, \|y\|\}}.$$

3. Más ejemplos

En general, sobre un espacio vectorial arbitrario E de dimensión finita o infinita, no disponemos de métodos para construir una norma. Sin embargo, como veremos en el siguiente resultado, cuando conocemos una base algebraica de E es posible generar una norma usando el módulo de las componentes. Con lo cual, dado que siempre existe una base de Hamel, todo espacio vectorial $E \neq \{0\}$ admite una norma no trivial.

Teorema 3.1. *Sea E un espacio vectorial con base algebraica $\mathcal{B}_E$. Entonces, la aplicación $\|\cdot\|$ sobre E tal que $\|0\| = 0$ y cuando $x \neq 0$*

$$\|x\| = |\alpha_{i_1}| + |\alpha_{i_2}| + \cdots + |\alpha_{i_n}|,$$

donde $x = \alpha_{i_1} v_{i_1} + \cdots + \alpha_{i_n} v_{i_n}$, con $i_j \in I$, $\alpha_{i_j} \in \mathbb{K} \setminus \{0\}$, $v_{i_j} \in \mathcal{B}_E$ y $1 \leq j \leq n$ es una norma sobre E.

Prueba. Veamos ahora que $\|\cdot\|$ satisface las propiedades de una norma:
Positividad: Sea $x \in E \setminus \{0\}$. Luego $x = \alpha_{i_1} v_{i_1} + \cdots + \alpha_{i_n} v_{i_n}$, donde $n \in \mathbb{N}$, $i_j \in I$ y $\alpha_{i_j} \in \mathbb{K} \setminus \{0\}$. Por lo tanto $\|x\| \geq |\alpha_{i_1}| > 0$.
Homogenidad: Sean $x \in E$ y $\lambda \in \mathbb{K}$. Podemos suponer que $x \neq 0$ y $\lambda \neq 0$, así $x = \alpha_{i_1} v_{i_1} + \cdots + \alpha_{i_n} v_{i_n}$, donde $n \in \mathbb{N}$, $i_j \in I$ y $\alpha_{i_j} \in \mathbb{K} \setminus \{0\}$. Entonces

$$\|\lambda x\| = \sum_{j=1}^{n} |\lambda \alpha_{i_j}| = \sum_{j=1}^{n} |\lambda||\alpha_{i_j}| = |\lambda| \sum_{j=1}^{n} |\alpha_{i_j}| = |\lambda|\|x\|.$$

Desigualdad triangular: Sean $x, y \in E$. Si alguno de estos vectores es nulo o la suma es nula, entonces se cumple que $\|x + y\| \leq \|x\| + \|y\|$. Caso contrario, podemos las representaciones $x = \sum_{j=1}^{n} \alpha_{i_j} v_{i_j}$ e $y = \sum_{j=1}^{m} \beta_{k_j} v_{k_j}$, donde $n \in \mathbb{N}$, $i_j, k_j \in I$ y $\alpha_{i_j}, \beta_{i_j} \in \mathbb{K} \setminus \{0\}$. Sea $I_x = \{i_j : \alpha_{i_j} \neq 0, j = 1, \cdots, n\}$ y de modo análogo consideramos $I_y = \{k_j : \alpha_{k_j} \neq 0, j = 1, \cdots, m\}$. En caso $I_x \cap I_y = \emptyset$, el vector suma $x + y$ admite la forma

$$x + y = \sum_{j=1}^{n} \alpha_{i_j} v_{i_j} + \sum_{j=1}^{m} \beta_{k_j} v_{k_j},$$

de donde

$$\|x + y\| = \sum_{j=1}^{n} |\alpha_{i_j}| + \sum_{j=1}^{m} |\beta_{k_j}| = \|x\| + \|y\|.$$

Finalmente, si $I_{xy} = I_x \cap I_y \neq \emptyset$, entonces $v_{i_j} = v_{k_j}$ siempre que $j \in I_{xy}$. Por consiguiente, $x + y$ admite la siguiente representación

$$x + y = \sum_{I_x \setminus I_{xy}} \alpha_{i_j} v_{i_j} + \sum_{I_y \setminus I_{xy}} \beta_{k_j} v_{k_j} + \sum_{\widetilde{I}_{xy}} (\alpha_{i_j} + \beta_{k_j}) v_{k_j},$$

donde $\widetilde{I}_{xy} = \{r \in I_{xy} : \alpha_r + \beta_r \neq 0\}$. Luego

$$\begin{aligned} \|x + y\| &= \sum_{I_x \setminus I_{xy}} |\alpha_{i_j}| + \sum_{I_y \setminus I_{xy}} |\beta_{k_j}| + \sum_{\widetilde{I}_{xy}} |\alpha_{i_j} + \beta_{k_j}|, \\ &\leq \sum_{I_x} |\alpha_{i_j}| + \sum_{I_y} |\beta_{k_j}| = \|x\| + \|y\|. \end{aligned}$$

□

El resultado anterior nos muestra, en particular, que sobre el espacio vectorial de los polinomios en la indeterminada x y coeficientes reales $(\mathbb{R}[x], +, \cdot\mathbb{R})$, el cual tiene por base algebraica al conjunto $\mathcal{B} = \{1, x, \cdots, x^n, \cdots\}$, la siguiente aplicación

$$\|p\| = |a_0| + |a_1| + \cdots + |a_n|,$$

donde $p(x) = a_0 + a_1 x + \cdots + a_1 x^n$, es una norma sobre $\mathbb{R}[x]$.

Por otro lado, en espacios de dimensión finita, por ejemplo $\mathbb{R}^m$ donde una base algebraica es dada por $\{e_i \in \mathbb{R}^m : i = 1, \cdots, n\}$ donde

$$e_1 = (1, 0, 0, \cdots, 0)$$

$$e_2 = (0, 1, 0, \cdots, 0)$$

$$\vdots$$

$$e_n = (0, 0, 0, \cdots, 1),$$

el Teorema 3.1 implica que la aplicación

$$\|(x_1, \cdots, x_m)\|_1 = |x_1| + \cdots + |x_m|,$$

define una norma en $\mathbb{R}^m$, conocida como *norma de la suma.*

Ejemplo 3.2. Si consideramos para cada punto $(x_1, x_2) \in \mathbb{R}^2$ la aplicación

$$\|(x_1, x_2)\|_4 = \sqrt[4]{|x_1|^4 + |x_2|^4},$$

obtenemos una norma en el plano; en efecto, evidentemente las positividad y la homogenidad son trivialmente satisfechas, por tanto, nos centraremos en probar la desigualdad triangular. Sean $x = (x_1, x_2)$ e $y = (y_1, y_2)$ en $\mathbb{R}^2$, de la definición

$$\|x + y\|_4^4 = \|(x_1 + y_1, x_2 + y_2)\|_4^4 = |x_1 + y_1|^4 + |x_2 + y_2|^4,$$

luego, por la desigualdad triangular para el valor absoluto, se tiene

$$\begin{aligned} \|x + y\|_4^4 &= |x_1 + y_1|^3 \cdot |x_1 + y_1| + |x_2 + y_2|^3 \cdot |x_2 + y_2| \\ &\leq |x_1 + y_1|^3(|x_1| + |y_1|) + |x_2 + y_2|^3(|x_2| + |y_2|) \\ &\leq |x_1 + y_1|^3|x_1| + |x_2 + y_2|^3|x_2| + |x_1 + y_1|^3|y_1| + |x_2 + y_2|^3|y_2| \qquad (1) \end{aligned}$$

Por otro lado, considerando que para cada $a, b \geq 0$ se satisface la desigualdad

$$4ab \leq a^4 + 3b^{4/3}$$

y aplicándola a los números $a_i = \dfrac{|x_i|}{\|x\|_4}$, $b_i = \dfrac{|x_i + y_i|^3}{\|x + y\|_4^3}$ se obtiene para $i = 1, 2$

$$\begin{aligned}
4\frac{|x_i|}{\|x\|_4}\cdot\frac{|x_i+y_i|^3}{\|x+y\|_4^3} &\leq \left(\frac{|x_i|}{\|x\|_4}\right)^4+3\left(\frac{|x_i+y_i|^3}{\|x+y\|_4^3}\right)^{4/3}\\
&= \frac{|x_i|^4}{\|x\|_4^4}+3\frac{|x_i+y_i|^4}{\|x+y\|_4^4}
\end{aligned}$$

Sumando miembro a miembro (para $i=1,2$) obtenemos

$$\begin{aligned}
4\frac{|x_1||x_1+y_1|^3+|x_2||x_2+y_2|^3}{\|x\|_4\|x+y\|_4^3} &\leq \frac{|x_1|^4+|x_2|^4}{\|x\|_4^4}+3\frac{|x_1+y_1|^4+|x_2+y_2|^4}{\|x+y\|_4^4}\\
&= \frac{\|x\|_4^4}{\|x\|_4^4}+3\frac{\|x+y\|_4^4}{\|x+y\|_4^4}\\
&= 4
\end{aligned}$$

Luego

$$|x_1+y_1|^3|x_1|+|x_2+y_2|^3|x_2| \leq \|x+y\|_4^3\|x\|_4.$$

Análogamente se tiene

$$|x_1+y_1|^3|y_1|+|x_2+y_2|^3|y_2| \leq \|x+y\|_4^3\|y\|_4,$$

por tanto, al reemplazarlas en (1), resulta

$$\|x+y\|_4^4 \leq \|x+y\|_4^3\|x\|_4+\|x+y\|_4^3\|y\|_4.$$

Se sigue que $\|x+y\|_4 \leq \|x\|_4+\|y\|_4$ para todo $x,y\in\mathbb{R}^2$, lo cual demuestra la afirmación.

Cabe destacar, en el ejemplo anterior, que el subíndice cuatro es sugestivo, dado que podemos considerar otras normas de este tipo con subíndices no enteros y en espacios de mayor dimensión.

Proposición 3.3. *Fijado $p\in[1,+\infty)$, si consideramos en $\mathbb{R}^m$ la aplicación $\|\cdot\|$ definida por*

$$\|(x_1,x_2,\cdots,x_m)\|_p = \left(|x_1|^p+\cdots+|x_m|^p\right)^{\frac{1}{p}},$$

obtenemos una norma en $\mathbb{R}^m$.

En este caso diremos que $\mathbb{R}^m$ está dotado de la p-norma $\|\cdot\|_p$. Note que cuando $p=1$ recuperamos la norma de la suma.

En particular, considerando las p-normas en el plano $\mathbb{R}^2$, para todo punto podemos definir una secuencia de números no negativos asociados a cada norma del tipo

$\|\cdot\|_p$ con $p > 1$; es decir, tomando por ejemplo el punto $x = (1,1)$, tenemos la secuencia

$$\|(1,1)\|_1, \cdots, \|(1,1)\|_{3/2}, \cdots, \|(1,1)\|_{3/4}, \cdots, \|(1,1)\|_2, \cdots, \|(1,1)\|_p, \cdots$$

cuyos valores, para p entero, son

$$2, \sqrt{2}, \sqrt[3]{2}, \cdots, \sqrt[p]{2}, \cdots$$

Por otro lado, del Cálculo Diferencial, se sabe que la función $f : (1,+\infty) \to \mathbb{R}$ definida por $f(x) = 2^{\frac{1}{x}}$ donde $x > 1$, satisface $\lim_{x\to\infty} f(x) = 1$; por consiguiente, la anterior secuencia verifica:

$$\lim_{p\to\infty} \|(1,1)\|_p = 1.$$

Motivados por lo anterior, es natural esperar entonces que al tomar un punto cualquiera del plano, obtengamos también la existencia del límite de los valores en las normas del punto. Lo cual es formalizado en el siguiente resultado.

Proposición 3.4. *Dado $x = (x_1, x_2) \in \mathbb{R}^2$, se tiene*

$$\lim_{p\to\infty} \|x\|_p = \max\{|x_1|, |x_2|\}.$$

Prueba. Asumiremos que $x \neq 0$, puesto que el caso $x = 0$ la prueba es trivial. Notemos que fijado $p > 1$, se cumple $\max\{|x_1|, |x_2|\} \leq \|x\|_p$ y además

$$\|x\|_p = (|x_1|^p + |x_2|^p)^{\frac{1}{p}} \leq (2\max\{|x_1|, |x_2|\}^p)^{\frac{1}{p}}.$$

Por tanto, para todo $p > 1$

$$\max\{|x_1|, |x_2|\} \leq \|x\|_p \leq 2^{\frac{1}{p}}.\max\{|x_1|, |x_2|\}.$$

Luego, haciendo $p \to \infty$ probamos lo afirmado. □

Notemos que para cada $x = (x_1, x_2) \in \mathbb{R}^2$ la asignación

$$\max\{|x_1|, |x_2|\},$$

define un norma en el plano, denominada *norma infinito.* Motivados por el resultado anterior denotaremos esta norma por $\|x\|_\infty$.

Podemos interpretar el resultado anterior a través del comportamiento de los conjuntos

$$\mathbb{S}^{2,p} = \{x = (x_1, x_2) \in \mathbb{R}^2 : \|x\|_p = 1\}$$

donde $p \in [1, \infty]$. Fijado p, este conjunto es denominado *p-esfera unitaria* en $\mathbb{R}^2$.

La representación de los mismos, variando p, se muestra a continuación:

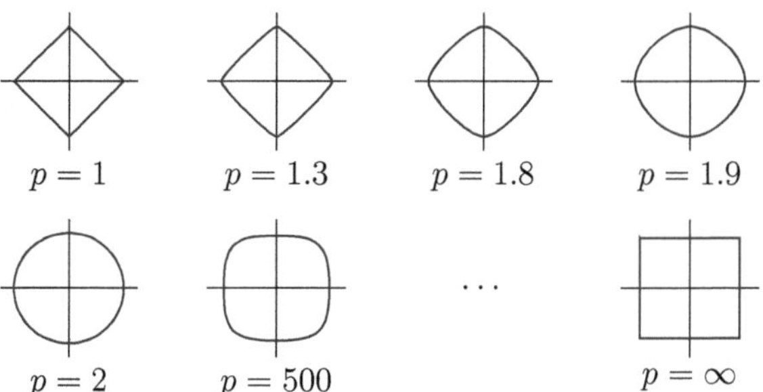

Lo cual muestra que todo punto en el cuadrado unidad delimitado por $\mathbb{S}^{2,\infty}$ y exterior a rombo unitario delimitado por $\mathbb{S}^{2,1}$ es parte de una p-esfera, esto es

$$\{x \in \mathbb{R}^2 : \|x\|_\infty \leq 1\} = \{x \in \mathbb{R}^2 : \|x\|_1 \leq 1\} \cup \bigcup_{p=1}^{\infty} \mathbb{S}^{2,p}.$$

Finalizamos esta sección analizando el comportamiento de la aplicación

$$f(x_1, x_2, \cdots, x_m) = \|(x_1, x_2, \cdots, x_m)\|_p \text{ cuando } p \in (0,1).$$

En este caso es natural preguntarnos si dicha f define una norma en $\mathbb{R}^m$. Notemos que f satisface las propiedades (1) y (2) de la definición de norma, sin embargo el cumplimiento de la desigualdad triangular tiene estrecha relación con la noción de *convexidad.*

Dado un espacio vectorial E con norma $\|\cdot\|$, decimos que $M \subset E$ es *convexo* si dados $x, y \in M$ y $\alpha \in [0,1]$, entonces

$$\alpha x + (1-\alpha)y \in M.$$

Lo cual puede interpretarse geométricamente como una propiedad sobre un conjunto M sobre la cual dicho conjunto contiene a todo segmento $[x, y]$ con extremos en M, donde

$$[x, y] = \{\alpha x + \beta y \in E : \{\alpha, \beta\} \subset [0,1],\ \alpha + \beta = 1\}.$$

Trivialmente todo segmento de recta $[x, y]$ es un conjunto convexo. También, un subespacio vectorial es un conjunto convexo.

Con el fin de responder la interrogante planteada, verificamos la convexidad de un tipo especial de subconjuntos dentro de un espacio vectorial normado $(E, \|\cdot\|)$.

Ejemplo 3.5. Para cada $\lambda \geq 0$, el conjunto $B(\lambda) = \{x \in E : \|x\| \leq \lambda\}$ es convexo. En efecto; sean $x, y \in B(\lambda)$ y $\alpha \in [0,1]$, entonces

$$\|\alpha x + (1-\alpha)y\| \leq \alpha\|x\| + (1-\alpha)\|y\| \leq \alpha\lambda + (1-\alpha)\lambda = \lambda.$$

Luego $\alpha x + (1-\alpha)y \in B(\lambda)$.

Ahora, tomando $E = \mathbb{R}^m$, podemos dar una respuesta negativa a la interrogante de si f define una norma en $\mathbb{R}^m$. Para esto, utilizando el ejemplo anterior, basta mostrar que para cada $p \in (0,1)$ el conjunto

$$B_p(1) = \{x \in \mathbb{R}^m : \|x\|_p \leq 1\},$$

no es convexo. Geométricamente es sencillo notar esto, dado que los gráficos asociados a los conjuntos $B_p(1)$ son:

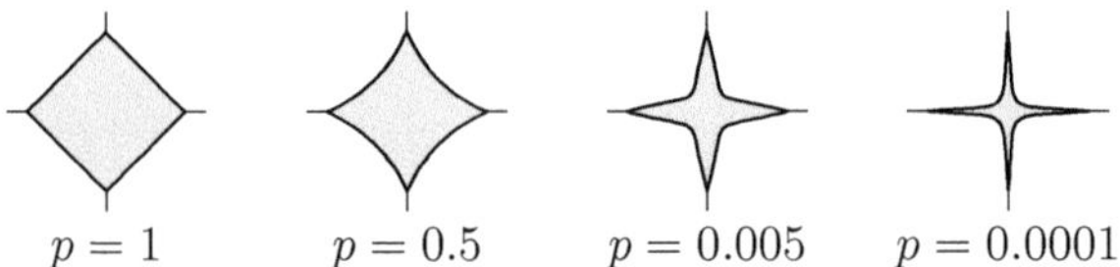

$p = 1$ $p = 0.5$ $p = 0.005$ $p = 0.0001$

Formalmente, podemos probar lo afirmado considerando los puntos $x = e_1$, $y = e_2$ y evaluando una combinación convexa de ellos

$$\left\|\frac{1}{2}e_1 + \frac{1}{2}e_2\right\|_p = \left\|\left(\frac{1}{2}, \frac{1}{2}, \cdots, 0\right)\right\|_p = 2^{\frac{1}{p}-1} > 1,$$

de donde $\frac{1}{2}e_1 + \frac{1}{2}e_2 \notin B_p(1)$. Luego $B_p(1)$ no es convexo y por tanto la aplicación

$$f(x_1, x_2, \cdots, x_m) = \|(x_1, x_2, \cdots, x_m)\|_p,$$

no es una norma en $\mathbb{R}^m$ cuando $p \in (0,1)$.

Otra pregunta natural sobre f es entender su comportamiento cuando $p \to 0$. Lo cual es respondido con el siguiente resultado:

Proposición 3.6. *Dado $x = (x_1, x_2, \cdots, x_m) \in \mathbb{R}^m$. Si $\alpha = \min\{|x_i| : x_i \neq 0\}$ y k es el número de componentes x_i no nulas, se verifica*

$$\lim_{p\to 0} f(x) = \lim_{p\to 0}\|x\|_p = \begin{cases} 0 & si\ \ k = 0 \\ \alpha & si\ \ k = 1 \\ \infty & si\ \ k > 1 \end{cases}$$

Prueba. Analicemos cada caso para k. Si $k = 0$, entonces $x = 0$ de donde se sigue el resultado trivialmente. En caso $k = 1$, podemos asumir sin pérdida de generalidad que $x = (x_1, 0, 0, \cdots, 0)$ donde $x_1 \neq 0$. Luego $\alpha = |x_1|$ y $\|x\|_p = \alpha$ para cada $p > 0$. Finalmente, si $k > 1$

$$\|x\|_p = \alpha \cdot \left(\sum_{i=1}^{n} \left| \frac{x_i}{\alpha} \right|^p \right)^{1/p} \geq \alpha \cdot \left(\sum_{i=1}^{k} 1^p \right)^{1/p} = \alpha . k^{1/p}.$$

Dado que $1/p \to \infty$ y $k > 1$, entonces $\lim_{p \to 0} \|x\|_p = \infty$. □

Ejercicios

3.1 Sean $x = (x_1, x_2)$ e $y = (y_1, y_2)$ elementos de $\mathbb{R}^2$ y sean $p, q > 1$ tales que $p + q = pq$.

(a) Dados $a, b \geq 0$, demuestre que $ab \leq \dfrac{a^p}{p} + \dfrac{b^q}{q}$.

(b) Pruebe la siguiente relación $|x_1||y_1| + |x_2||y_2| \leq \|x\|_p \|y\|_q$.

3.2 Demuestre que fijado $p \in (1, +\infty)$, la aplicación $\| \cdot \|$ definida por

$$\|(x_1, x_2)\|_p = (\, |x_1|^p + |x_2|^p \,)^{\frac{1}{p}},$$

es una norma en $\mathbb{R}^2$.

3.3 Demuestre la Proposición 3.3.

3.4 Pruebe que $\|(x_1, x_2, \cdots, x_m)\|_\infty = \max\{|x_1|, \cdots, |x_m|\}$ es una norma en $\mathbb{R}^m$.

3.5 Demuestre que $\lim_{p \to \infty} \|(x_1, x_2, \cdots, x_m)\|_p = \|(x_1, x_2, \cdots, x_m)\|_\infty$.

3.6 Sea $\psi : E \to [0, +\infty)$ que satisface las propiedades (1) y (2) de la definición de norma, es decir

(1) $\psi(x) = 0$ implica $x = 0$.

(2) $\psi(\lambda x) = |\lambda| . \psi(x)$, donde λ es un escalar y $x \in E$,

pruebe que ψ satisface la desigualdad triangular si y solo si $B(1)$ es convexo.

Capítulo 2

Espacios Métricos

Ahora, nos centraremos en nuestro principal objeto de estudio: las asignaciones que generan distancias. Al respecto, existe mucha literatura de modo que el lector interesado puede consultar las referencias [**3**–**5**, **15**, **17**]. Sin embargo, la mayoría de estas aborda su estudio inspirado en la Topología, por lo cual y como el lector podrá notar, optamos por otro enfoque al dar mayor énfasis a la convergencia de secuencias.

1. La noción de Espacio Métrico

Definición 1.1. *Dado un conjunto M no vacío, una métrica en M es una asignación $d : M \times M \to [0, +\infty)$ que satisface las siguientes propiedades para cada $x, y, z \in M$:*

(1) $d(x, x) = 0$ *si y solo si* $x = y$. *(definida positiva)*

(2) $d(x, y) = d(y, x)$. *(simetría)*

(3) $d(x, y) \leq d(x, z) + d(z, y)$. *(desigualdad triangular)*

Definida una métrica d en M, decimos que el par (M, d) es un espacio métrico y por simplicidad decimos que d es una *distancia* en M.

Notemos en principio que las propiedades que definen a una métrica están relacionadas con las propiedades que definen a una norma. Una de las diferencias cruciales entre estas dos nociones es que mientras para la existencia de una norma se requiere de un espacio con estructura de espacio vectorial; una métrica puede ser definida en un conjunto arbitrario sin requerir alguna estructura definida previamente en él.

Ejemplo 1.2. En $\mathbb{R}^m$ donde $m \geq 1$ podemos generar métricas asociadas a cada posible norma del espacio; en efecto, si $\|\cdot\|$ es una norma en $\mathbb{R}^m$, obtendremos una métrica haciendo $d(x,y) = \|x-y\|$; puesto que las propiedades de una métrica, definida positiva y simetría, se verifican trivialmente usando las propiedades de la norma. En caso de la desigualdad triangular: Sean x, y y z en $\mathbb{R}^m$. Luego

$$\begin{aligned} d(x,y) &= \|x-y\| \\ &= \|(x-z)-(y-z)\| \\ &\leq \|x-z\|+\|y-z\| \\ &= d(x,z)+d(z,y). \end{aligned}$$

En particular, en el plano $\mathbb{R}^2$, tenemos la *métrica de la suma:*

$$\begin{aligned} d_1(x,y) &= \|x-y\|_1 \\ &= |x_1-y_1|+|x_2-y_2|. \end{aligned}$$

Para cada $p > 1$, se define la métrica:

$$\begin{aligned} d_p(x,y) &= \|x-y\|_p \\ &= (|x_1-y_1|^p+|x_2-y_2|^p)^{\frac{1}{p}} \end{aligned}$$

En caso $p = 2$ decimos que d_2 es la *métrica euclidiana.* A su vez, inducida por la norma infinito, tenemos la *métrica infinito* o también conocida como métrica del *máximo*:

$$\begin{aligned} d_\infty(x,y) &= \|x-y\|_\infty \\ &= \max\{|x_1-y_1|,|x_2-y_2|\}. \end{aligned}$$

Para cada una de las métricas mencionadas es posible obtener una interpretación geométrica para el cálculo de la distancia entre dos puntos. En efecto; consideremos los puntos del plano $(-1,1)$ y $(2,3)$ según se muestra en la figura.

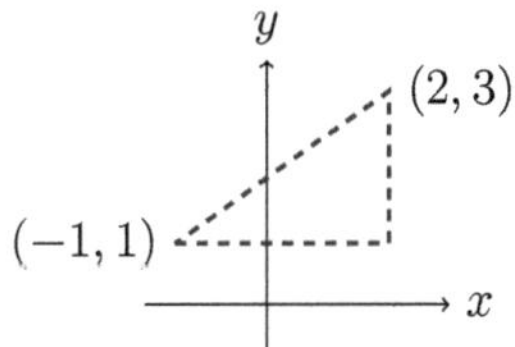

Entonces la métrica de la suma entre estos puntos se obtiene como la suma de las longitudes de los catetos $|3| + |2| = 5$, la métrica euclidiana es la hipotenusa del mismo $\sqrt{|3|^2 + |2|^2} = \sqrt{13}$ y la métrica infinito coincide con la longitud del mayor cateto del triángulo $\max\{|3|, |2|\} = 3$.

Debemos notar también que en $\mathbb{R}^2$ existen muchas más métricas.

Ejemplo 1.3. Dados $x = (x_1, x_2)$ e $y = (y_1, y_2)$ en $\mathbb{R}^2$ la siguiente asignación

$$d(x,y) = \begin{cases} |x_1 - y_1| & \text{si } x_2 = y_2, \\ |x_1| + |x_2 - y_2| + |y_1| & \text{otro caso,} \end{cases}$$

es una métrica denominada *métrica del elevador*. Para entender este nombre, consideremos dos puntos en una misma recta horizontal por ejemplo: $u = (2, 3)$ y $v = (4, 3)$. Luego $d(u, v) = 4 - 2 = 2$ que representa la misma distancia euclidiana del segmento horizontal que une dichos puntos. Pero si $u = (-1, -2)$ y $v = (3, 1)$, entonces $d(u, v) = 1 + 3 + 3 = 7$ que representa la longitud euclidiana del camino que va horizontalmente desde u hacia su intersección con el eje de ordenadas $(0, -2)$ y luego se *eleva verticalmente* hasta una altura igual al valor de la segunda componente del punto v, en nuestro caso $(0, 1)$, y finalmente va desde este último punto horizontalmente hasta v.

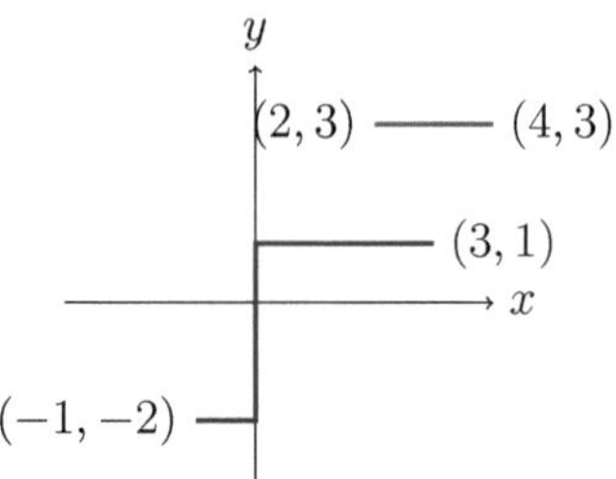

Veamos que se cumplen cada una de las propiedades que definen una métrica:

Definida positiva: Sean $x = (x_1, x_2)$ e $y = (y_1, y_2)$ en $\mathbb{R}^2$. Si $x = y$, entonces trivialmente $d(x, y) = 0$. Recíprocamente, si $d(x, y) = 0$ tenemos dos casos:

Caso 1: $x_2 = y_2$. Entonces $|x_1 - y_1| = 0$ de donde $x_1 = y_1$, así $x = y$.

Caso 2: $x_2 \neq y_2$. Este caso no puede ocurrir pues se tendría

$$|x_1| + |x_2 - y_2| + |y_1| = 0,$$

luego $x_1 = y_1 = 0$ y $|x_2 - y_2| = 0$ lo que implica $x_2 = y_2$ que es absurdo.

Simetría: Sean $x = (x_1, x_2)$ y $y = (y_1, y_2)$ en $\mathbb{R}^2$. Supongamos $x_2 = y_2$ entonces

$$\begin{aligned} d(x,y) &= \begin{cases} |x_1 - y_1| & \text{si } x_2 = y_2, \\ |x_1| + |x_2 - y_2| + |y_1| & \text{si } x_2 \neq y_2 \end{cases} \\ &= \begin{cases} |y_1 - x_1| & \text{si } x_2 = y_2, \\ |y_1| + |y_2 - x_2| + |x_1| & \text{si } x_2 \neq y_2 \end{cases} \\ &= d(y,x) \end{aligned}$$

Desigualdad triangular: Sean $x = (x_1, x_2)$, $y = (y_1, y_2)$ y $z = (z_1, z_2)$ en $\mathbb{R}^2$. Supongamos $x_2 = y_2$ entonces

$$\begin{aligned} d(x,y) &= |x_1 - y_1| \\ &\leq |x_1 - z_1| + |z_1 - y_1| \end{aligned}$$

Notemos que por la defición de d se verifican $d(x,z) \geq |x_1 - z_1|$ y $d(z,y) \geq |z_1 - y_1|$. Luego $d(x,y) \leq d(x,z) + d(z,y)$. Supongamos ahora que $x_2 \neq y_2$. Sin pérdida de generalidad podemos asumir también que $z_2 \neq x_2$, entonces

$$\begin{aligned} d(x,y) &= |x_1| + |x_2 - y_2| + |y_1| \\ &\leq |x_1| + |x_2 - z_2| + |z_2 - y_2| + |y_1| \\ &= d(x,z) - |z_1| + |z_2 - y_2| + |y_1| \qquad (2) \end{aligned}$$

Por otro lado

$$\begin{aligned} -|z_1| + |z_2 - y_2| + |y_1| &= \begin{cases} -|z_1| + |y_1| & \text{si } y_2 = z_2, \\ -|z_1| + |z_2 - y_2| + |y_1| & \text{si } y_2 \neq z_2. \end{cases} \\ &\leq \begin{cases} |y_1 - z_1| & \text{si } y_2 = z_2, \\ |z_1| + |z_2 - y_2| + |y_1| & \text{si } y_2 \neq z_2. \end{cases} \end{aligned}$$

Así, en ambos casos se tiene $-|z_1| + |z_2 - y_2| + |y_1| \leq d(y,z)$. Reemplazando esta última desigualdad en (2) se obtiene $d(x,y) \leq d(x,z) + d(z,y)$.

Otra diferencia con los espacios normados es que la restricción de una métrica d a un subconjunto X arbitrario de un espacio métrico (M, d), esto es $d|_{X \times X}$, es también una métrica para X. Esto nos permite obtener muchos ejemplos de espacios métricos a partir de la existencia de uno. Otra forma puede ser a partir de los múltiplos de una métrica:

Ejemplo 1.4. Si (M, d) es un espacio métrico, entonces $D_r(x,y) = rd(x,y)$ también es una métrica en M para todo $r \geq 0$.

Recordemos que en el estudio de los Espacios Normados, el Teorema 3.1 nos dice que al considerar un espacio vectorial, de cualquier dimensión, siempre es posible definir una norma no trivial en él. Es natural entonces procurar un resultado similar en el caso métrico, esto es, dado un conjunto arbitrario, ¿será posible definir una métrica, distintia de la nula, en él? El próximo ejemplo responde de manera afirmativa esta cuestión, para ello, recordemos la noción de función característica de un subconjunto A de M, denotada por $I_A : M \to \{0,1\}$ y definida para cada $x \in M$ como

$$I_A(x) = \begin{cases} 1 & \text{si } x \in A, \\ 0 & \text{si } x \notin A \end{cases}$$

Se pruebe probar que este tipo de aplicación satisface, para cada $A, B \subset M$, las siguientes propiedades:

(1) $I_M(x) = 1$ para cada $x \in M$.

(2) $I_{A\cap B} = I_A \cdot I_B$.

(3) $I_{A\cup B} = I_A + I_B - I_{A\cap B}$

(4) $I_{A^C} = 1 - I_A$.

Proposición 1.5. *Dado un conjunto M no vacío, la aplicación*

$$d(x,y) = I_{M\setminus\{y\}}(x) \text{ para cada } x, y \in M$$

es una métrica sobre M. Esta métrica se denomina discreta.

Prueba. Veamos que se cumplen cada una de las propiedades que definen una métrica:

Definida positiva: Sean x e y en M. Luego

$$\begin{aligned} d(x,y) = 0 &\iff I_{M\setminus\{y\}}(x) = 0 \\ &\iff x \notin M \setminus \{y\} \\ &\iff x = y. \end{aligned}$$

Simetría: Sean x e y en M. Por las propiedades de la función característica se tiene

$$\begin{aligned} d(x,y) &= I_{M\setminus\{y\}}(x) \\ &= 1 - I_{\{y\}}(x) \\ &= 1 - I_{\{x\}}(y) \\ &= I_{M\setminus\{x\}}(y) \\ &= d(y,x). \end{aligned}$$

Desigualdad triangular: Sean x, y y z en M. Se verifica que

$$I_{\{z\}}(x) + I_{\{y\}}(z) \leq 1 + I_{\{y\}}(x),$$

luego $-I_{\{y\}}(x) \leq 1 - I_{\{z\}}(x) - I_{\{y\}}(z)$ entonces

$$\begin{aligned} d(x,y) &= 1 - I_{\{y\}}(x) \\ &\leq (1 - I_{\{z\}}(x)) + -(1 - I_{\{y\}}(z)) \\ &= d(x,z) + d(z,y). \end{aligned}$$

□

Ejercicios

1.1 Sea $d : M \times M \to \mathbb{R}$ tal que $d(x,x) = 0$, $d(x,y) \neq 0$ cuando $x \neq y$ y $d(x,z) \leq d(x,y) + d(z,y)$. Pruebe que (M,d) es un espacio métrico.

1.2 Sea (E,d) un espacio métrico donde E es un espacio vectorial (E se dice espacio vectorial metrizable). Probar que si d satisface $d(x+z, y+z) = d(x,y)$ y $d(\alpha x, \alpha y) = |\alpha| d(x,y)$ para todo $x, y, z \in E$ y todo escalar α, entonces d es una norma.

1.3 Pruebe que en $\mathbb{R}$ la asignación $d(x,y) = \min\{|x-y|, 1\}$ define una métrica.

1.4 Pruebe que si d es la métrica discreta sobre el conjunto X, podemos también representarla como

$$d(x,y) = \begin{cases} 1 & \text{si } x = y, \\ 0 & \text{si } x \neq y. \end{cases}$$

1.5 En $\mathcal{P}(\mathbb{N}) = \{A : A \subset \mathbb{N}\}$ donde $\mathbb{N}$ es el conjunto de los números naturales, defina

$$d(A,B) = \begin{cases} \frac{1}{k} & \text{si } k = \min\{n : n \in (A \cup B) \setminus (A \cap B)\}, \\ 0 & \text{si } A = B. \end{cases}$$

Pruebe que $(\mathcal{P}(\mathbb{N}), d)$ es un espacio métrico.

2. Diámetro de un conjunto

En un espacio métrico, además de la distancia entre los elementos del mismo, podemos definir el ancho o tamaño de un subconjunto.

Definición 2.1. *Dado (M, d) un espacio métrico y $A \subset M$ un subconjunto no vacío. El diámetro de A, que denotaremos por $diam(A)$, es definido por*

$$diam(A) = \sup\{d(a, b) : a, b \in A\}.$$

Es decir, usando la definición del supremo de un conjunto de números reales, el diámetro de A es el único número real r que satisface:

(1) Para cualesquiera $a_1, a_2 \in A$, $d(a_1, a_2) \leq r$,

(2) dado $\varepsilon > 0$, existen $a_1, a_2 \in A$ tales que $r - \varepsilon < d(a_1, a_2)$.

Note que si $diam(A) < \infty$ no necesariamente existen $a_1, a_2 \in A$ tales que $d(a_1, a_2) = diam(A)$. Para ver esto, consideremos en los números reales con la métrica del inducida del valor absoluto, el subconjunto $A = \{\frac{1}{n} : n \in \mathbb{N}\}$ y notemos que $diam(A) = 1$ pues $d(\frac{1}{n}, \frac{1}{m}) = |\frac{1}{n} - \frac{1}{m}| \leq 1$ para cualesquiera $m, n \in \mathbb{N}$ lo que verifica la primera condición y por otro lado, dado $\varepsilon > 0$ tomemos $n_0 \in \mathbb{N}$ tal que $\frac{1}{n_0} < \varepsilon$ de modo que se obtiene $1 - \varepsilon < d(1, \frac{1}{n_0})$ verificandose la segunda condición. Sin embargo, no existen $n \neq m$ tales que $d(\frac{1}{n}, \frac{1}{m}) = 1$ ya que en dicho caso se tendría $|\frac{1}{n} - \frac{1}{m}| = 1$ lo cual implica que $\frac{m}{n} - 1 = m$ de donde $m < \frac{m}{n} = m + 1$ luego $n < 1$ lo cual es absurdo.

Diremos que un subconjunto no vacío $A \subset M$ es *limitado* cuando $diam(A)$ sea un número real.

Ejemplo 2.2. Todo conjunto finito $\{x_1, \cdots, x_k\}$ es limitado y su diámetro es el mayor valor de los números $d(x_i, x_j)$ donde $i, j = 1, \cdots, k$.

Ejemplo 2.3. Sea $(E, \|\cdot\|)$ un espacio normado y sea $A \subset E$ no vacío. Entonces A es limitado si y solo si existe un $r > 0$ tal que $A \subset B(r)$. En efecto; basta probar la suficiencia. Fije $a_0 \in A$ y sea $a \in A$ arbitrario, entonces

$$\|a\| = d(a, 0) \leq d(a, a_0) + d(a_0, 0) \leq diam(A) + \|a_0\|.$$

Luego $A \subset B(r)$ donde $r = diam(A) + \|a_0\|$.

Ejemplo 2.4. Un subespacio vectorial no trivial no puede ser limitado. En efecto; sea $F \subset E$ donde $(E, \|\cdot\|)$ es un espacio normado, si F es limitado por el ejemplo anterior existe $r > 0$ tal que $F \subset B(r)$. Dado $v \in F$ tal que $v \neq 0$, el cual existe pues F es no trivial, entonces $(r+1)\frac{v}{\|v\|} \in F$ en consecuencia $(r+1)\frac{v}{\|v\|} \in B(r)$; pero $\|(r+1)\frac{v}{\|v\|}\| = r+1$, absurdo.

Note que el diámetro de un conjunto depende de cómo se defina la distancia entre los elementos de dicho conjunto.

Ejemplo 2.5. Consideremos $A \subset \mathbb{R}^2$ tal que

$$A = \{(x_1, x_2) \in \mathbb{R}^2 : x_1 \geq 0,\ x_2 \geq 0,\ 2x_1 + x_2 \leq 2\}.$$

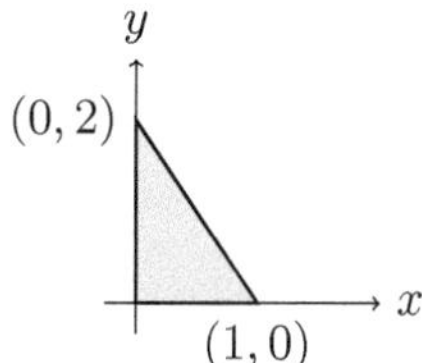

Entonces si d es la métrica de la suma obtenemos $diam(A) = d_1((1,0),(0,2)) = 3$, mientras que si d es la métrica euclidiana se tiene $diam(A) = \sqrt{5}$ y si d es la métrica discreta, entonces $diam(A) = 1$.

La noción de conjunto limitado nos permite introducir el siguiente ejemplo que muestra la generalidad del concepto de distancia en un espacio métrico, pues podemos medir la distancia entre funciones al considerarlas como elementos de un espacio.

Ejemplo 2.6. Sean X un conjunto arbitrario no vacío y (M, d) un espacio métrico, una aplicación $f : X \to M$ se dice limitada cuando $f(X)$ es un conjunto limitado de M. Con esto podemos considerar el siguiente conjunto

$$\mathcal{B}(X, M) = \{f : X \to M :\ f \text{ es limitada}\}.$$

Sabemos que este conjunto admite una métrica, la discreta, pero dado que esta métrica no parece ser tan interesante; optamos por considerar la siguiente asignación $d : \mathcal{B}(X, M) \times \mathcal{B}(X, M) \to [0, +\infty)$ tal que

$$d(f, g) = \sup\{d(f(x), g(x)) : x \in X\}$$

Notemos el abuso de notación al usar para esta asignación nuevamente d y luego que esta asignación está bien definida; esto es, el supremo anterior es finito. Para ver esto, dados $f, g \in \mathcal{B}(X, M)$ y $x_0 \in X$ se tiene para cada $x \in X$

$$\begin{aligned} d(f(x), g(x)) &\leq d(f(x), f(x_0)) + d(f(x_0), g(x_0)) + d(g(x_0), g(x)) \\ &\leq diam(f(X)) + d(f(x_0), g(x_0)) + diam(g(X)). \end{aligned}$$

De modo que el conjunto $\{d(f(x), g(x)) : x \in X\}$ esta acotado superiormente.

A continuación, veremos que en efecto se satisfacen todas las propiedades de una métrica.

Definida positiva: Sean $f, g \in \mathcal{B}(X, M)$. Luego

$$\begin{aligned} d(f,g) = 0 &\iff \sup\{d(f(x), g(x)) : x \in X\} \\ &\iff d(f(x), g(x)) = 0 \ \forall x \in X \\ &\iff f(x) = g(x) \ \forall x \in X \\ &\iff f = g \end{aligned}$$

Simetría: Sean $f, g \in \mathcal{B}(X, M)$. Entonces

$$\begin{aligned} d(f,g) &= \sup\{d(f(x), g(x)) : x \in X\} \\ &= \sup\{d(g(x), f(x)) : x \in X\} \\ &= d(g, f) \end{aligned}$$

Desigualdad triangular: Sean $f, g, h \in \mathcal{B}(X, M)$ y $x \in X$ arbitrario.

$$\begin{aligned} d(f(x), g(x)) &\leq d(f(x), h(x)) + d(h(x), g(x)) \\ &\leq d(f, h) + d(h, g) \end{aligned}$$

Por tanto,

$$d(f,g) = \sup\{d(f(x), g(x)) : x, y \in X\} \leq d(f,h) + d(h,g).$$

Es importante resaltar que en el ejemplo anterior cuando en lugar de (M, d) consideramos un espacio normado $(E, \|\cdot\|)$, entonces $\mathcal{B}(X, E)$ puede ser dotado de una estructura de espacio vectorial normado de la siguiente manera: dados $f, g \in \mathcal{B}(X, E)$, $\alpha \in \mathbb{R}$ y $x \in X$ definimos las operaciones

$$(f + g)(x) = f(x) + g(x),$$

$$(\alpha \cdot f)(x) = \alpha f(x).$$

Además, para $x_0, y_0 \in X$

$$\begin{aligned} \|(f + \alpha g)(x_0) - (f + \alpha g)(y_0)\| &\leq \|f(x_0) - f(y_0)\| + |\alpha| \cdot \|g(x_0) - g(y_0)\| \\ &\leq diam(f(X)) + |\alpha| \cdot diam(g(X)), \end{aligned}$$

en consecuencia $diam((f + \alpha g)(X)) < \infty$, es decir, $f + \alpha g \in \mathcal{B}(X, E)$. Lo cual prueba que las operaciones están definidas en $\mathcal{B}(X, E)$. En este caso la norma será denotada por $\|\cdot\|_\infty$ y definida como

$$\|f\|_\infty = \sup_{x \in X} \|f(x)\|.$$

Por otro lado si consideramos $X = \{1, 2, \cdots, k\}$ entonces cualquier aplicación $f : X \to M$ es limitada dado que $f(X)$ es un conjunto finito. Además, denotando $f(1) = x_1, \cdots, f(k) = x_k$ podemos identificar f con una colección $(x_1, \cdots, x_k)$ de elementos de M. Luego se verifica $\mathcal{B}(X, M) = M \times \cdots \times M$ (k-veces) y la métrica en $\mathcal{B}(X, M)$ nos permite considerar al producto $M^k = M \times \cdots \times M$ como un espacio métrico con métrica dada por

$$d((x_1, \cdots, x_k), (y_1, \cdots, y_k)) = \max_{1 \leq j \leq k} \{d(x_j, y_j)\}.$$

Esto nos muestra una generalización de la métrica del supremo en $\mathbb{R}^k$.

Ejercicios

2.1 Probar que si A y B subconjuntos limitados de (M, d), entonces existe $\lambda > 0$ tal que $diam(A \cup B) \leq diam(A) + diam(B) + \lambda$.

2.2 Dado $A \subset M$ no vacío y $x \in M$, se define la distancia entre x y A como $d(x, A) = \inf\{d(x, y) : y \in A\}$. Pruebe que para cualesquiera $x, y \in M$ se verifica $|d(x, A) - d(y, A)| \leq d(x, y)$.

2.3 Dado un espacio métrico (M, d) definimos la diagonal de M como $\triangle = \{(x, x) : x \in M\}$. Pruebe que si en $M \times M$ se tiene la métrica $d((x_1, x_2), (y_1, y_2)) = \max_{j=1,2}\{d(x_j, y_j)\}$, entonces $d((x, y), \triangle) = 0$ si y solo si $(x, y) \in \triangle$.

2.4 Sean (M_1, d_1) y (M_2, d_2) dos espacios métricos limitados. Si $M_1 \cap M_2 = \emptyset$ y $\lambda > 0$ es tal que $diam(M_i) < \lambda$, para $i = 1, 2$, la siguiente asignación

$$D(x, y) = \begin{cases} d_i(x, y) & \text{si } x, y \in M_i, \\ \lambda & \text{otro caso,} \end{cases}$$

define una métrica sobre $M_1 \cup M_2$?

2.5 Dado un subconjunto $M \subset (\mathbb{R}^m, d_p)$ limitado, decimos que M es diametralmente completo, si para todo $x \notin M$ se tiene la siguiente desigualdad:

$$diam(M) < diam(M \cup \{x\}).$$

Pruebe que un conjunto diametralmente completo es convexo.
(Sugerencia: ver [**25**]).

3. Sucesiones en Espacios Métricos

A continuación, desarrollaremos brevemente una de las nociones que explota al máximo la estructura métrica: la convergencia de sucesiones.

Dado un espacio métrico (M, d), una aplicación $x : \mathbb{N} \to M$ se denomina una sucesión en M. Usualmente, una sucesión en M es vista a través de sus valores, es decir,

$$x(1), x(2), \cdots, x(n), \cdots$$

más aún, estos se acostumbran denotar de la siguiente manera $x_1, x_2, \cdots, x_n, \cdots$ con esto en mente, una sucesión en M se denotará por $(x_n)_{n\in\mathbb{N}} \subset M$. Cabe resaltar la diferencia entre una sucesión vista a través de sus valores y los valores de una sucesión, por ejemplo, si tomamos dos elementos b y c en M, con $b \neq c$, podemos considerar la sucesión $x : \mathbb{N} \to M$ tal que

$$x(2k) = b \text{ y } x(2k-1) = c, \text{ para cada } k \in \mathbb{N},$$

entonces, tenemos la sucesión siguiente $\{c, b, c, b, \cdots\}$, mientras que los valores de esta sucesión son simplemente $\{c, b\}$.

Definición 3.1. *Dada una sucesión $(x_n)_{n\in\mathbb{N}}$ en M decimos que esta converge a x, donde $x \in M$, cuando para todo $\varepsilon > 0$ existe $N \in \mathbb{N}$ tal que $d(x_n, x) < \varepsilon$ para todo $n \geq N$. Denotaremos esto como $d(x_n, x) \to 0$.*

Ejemplo 3.2. Toda secuencia eventualmente constante es convergente, es decir, si existe $k \in \mathbb{N}$ tal que $x_n = x_k$ para todo $n \geq k$ entonces $(x_n)_{n\in\mathbb{N}}$ converge a x_k.

Ejemplo 3.3. Para cualquier métrica d en $\mathbb{R}$ que proviene de una norma, toda secuencia monótona y limitada es convergente. En efecto; sea $(x_n)_{n\in\mathbb{N}} \subset \mathbb{R}$ creciente (caso decreciente es análogo), es decir, $x_n \leq x_m$ siempre que $n, m \in \mathbb{N}$. Por el Ejemplo 2.3 el conjunto de valores de esta secuencia admite una cota superior por lo que existe $\lambda = \sup\{x_n : n \in \mathbb{N}\}$. Probaremos a continuación que $(x_n)_{n\in\mathbb{N}}$ converge a λ. Del Ejemplo 1.4 se sigue que $d(x_n, \lambda) = \beta|x_n - \lambda|$ para todo $n \in \mathbb{N}$ y algún $\beta > 0$. Dado $\varepsilon > 0$, para $\varepsilon' = \varepsilon.\beta^{-1} > 0$ por definición de supremo existe $n_0 \in \mathbb{N}$ tal que $\lambda - \varepsilon' < x_{n_0}$. Así, para cada $n \geq n_0$ se tienen las desigualdades $\lambda - \varepsilon' < x_n \leq \lambda$ que implican $d(x_n, \lambda) < \varepsilon$ para cada $n \geq n_0$.

Ejemplo 3.4. La convergencia de una secuencia $(x_n)_{n\in\mathbb{N}}$ en un espacio métrico no se altera si retiramos o agregamos una cantidad finita de términos de esta. En efecto; supongamos que $(x_n)_{n\in\mathbb{N}}$ converge a x, donde $x \in M$, y retiremos de la secuencia los términos $F = \{x_{n_1}, \cdots, x_{n_k}\}$. Como existe una biyección entre $\mathbb{N}$ y $\mathbb{N} \setminus F$ al retirar estos términos obtenermos una nueva secuencia $(y_n)_{n\in\mathbb{N}}$ la cual debemos probar que también converge a x. Note que existe un $j \in \mathbb{N}$ tal que $y_n = x_{n+j}$ para todo $n \geq n_1 + \cdots + n_k$. Dado $\varepsilon > 0$, sea $N_0 \in \mathbb{N}$ de la convergencia de $(x_n)_{n\in\mathbb{N}}$ a x, entonces para cada $n \geq \max\{N_0, n_1 + \cdots + n_k\}$ se tiene $d(y_n, x) = d(x_{n+j}, x) < \varepsilon$.

Una de las primeras propiedades de las secuencias convergentes es la *unicidad.*

Proposición 3.5. *Toda secuencia convergente en M, converge a un único elemento de M.*

Prueba. Supongamos exista una secuencia $(x_n)_{n\in\mathbb{N}}$ que converge tanto a x como a y donde $x \neq y$. Sea $\varepsilon > 0$ tal que $\varepsilon < \frac{d(x,y)}{2}$. Existe $N_1 \in \mathbb{N}$ tal que $d(x_n, x) < \varepsilon$ para todo $n \geq N_1$. A su vez, existe $N_2 \in \mathbb{N}$ tal que $d(x_n, y) < \varepsilon$ para todo $n \geq N_2$. Luego para $n \geq N_1 + N_2$ el punto x_n satisface ambas desigualdades. Entonces

$$d(x, y) \leq d(x, x_n) + d(x_n, y) < 2\varepsilon < d(x, y),$$

lo cual es una contradicción. □

Como consecuencia del anterior resultado, al tener una secuencia convergente, podemos hablar de su *límite* como aquel (único) elemento a donde esta secuencia converge.

Del Ejemplo 3.3, también podemos concluir que la sucesión $x_n = \frac{1}{n}$ converge a cero en cualquier métrica d que proviene de una norma en $\mathbb{R}$. Es natural entonces preguntarnos si esta misma sucesión convergerá si tomamos una métrica arbitraria; desafortunadamente la respuesta es negativa.

Ejemplo 3.6. Para la métrica discreta, una secuencia es convergente si y solo si es eventualmente constante. En efecto; por el ejemplo 3.2 basta probar una dirección. Supongamos la secuencia $(x_n)_{n\in\mathbb{N}}$ converge a L, dado $\varepsilon \in (0, 1)$ existe $N \in \mathbb{N}$ tal que $d(x_n, L) < \varepsilon$ para todo $n \geq N$. Luego por definición de la métrica discreta se tendrá que $d(x_n, L) = 0$, es decir, $x_n = L$ para todo $n \geq N$. Lo cual implica que $(x_n)_{n\in\mathbb{N}}$ es eventualmente constante.

Volviendo a nuestra interrogante, deducimos que $x_n = \frac{1}{n}$ no es convergente, bajo la métrica discreta, dado que todos sus términos son diferentes.

Proposición 3.7. *El conjunto de valores de toda secuencia convergente en M es limitado.*

Prueba. Sea $(x_n)_{n\in\mathbb{N}}$ una secuencia convergente y sea $x_0 \in M$ su límite. Por definición para $\varepsilon_0 > 0$, existe $N \in \mathbb{N}$ tal que $d(x_n, x_0) < \varepsilon_0$ para cada $n \geq N$. Sea

$$K = \max\{d(x_1, x_0), \cdots, d(x_{N-1}, x_0)\}.$$

Dados $m, n \in \mathbb{N}$ entonces

$$\begin{aligned} d(x_m, x_n) &\leq d(x_m, x_0) + d(x_n, x_0) \\ &\leq \begin{cases} 2\varepsilon_0 & \text{si } m, n \geq N, \\ 2K + \varepsilon_0 & \text{caso contrario.} \end{cases} \end{aligned}$$

Por consiguiente, $diam(\{x_1, \cdots, x_n \cdots\}) \leq 2K + 2\varepsilon_0 < \infty$. □

El recíproco del resultado anterior no es verdadero, esto es, existen secuencias limitadas que no son convergentes.

Ejemplo 3.8. En $\mathbb{R}$ con la métrica inducida por el valor absoluto, la secuencia $x_n = \sin(\pi n)$ para todo $n \in \mathbb{N}$ es limitada (pues la función trigonométrica lo es) pero no es convergente. En efecto; supongamos exista L tal que $d(x_n, L) \to 0$. Tome $\varepsilon = 1/2$ y sea $N \in \mathbb{N}$ tal que $d(x_n, L) = |\sin(\pi n) - L| < 1/2$ para cada $n \geq N$. Entonces

$$1 = |\sin(\pi N) - \sin(\pi(N+1))| \leq |\sin(\pi N) - L| + |\sin(\pi(N+1)) - L| < 1,$$

lo cual es absurdo.

Ejemplo 3.9. Sean $(u_n)_{n\in\mathbb{N}}$ y $(v_n)_{n\in\mathbb{N}}$ secuencias convergentes en un espacio normado E y sea $(\alpha_n)_{n\in\mathbb{N}}$ una secuencia convergente de escalares. Entonces las secuencias $(u_n + v_n)_{n\in\mathbb{N}}$ y $(\alpha_n u_n)_{n\in\mathbb{N}}$ son también convergentes en E.

Cuando tenemos una secuencia $(v_n)_{n\in\mathbb{N}}$ en un espacio vectorial normado E, podemos considerar en E una nueva secuencia de *sumas parciales* es decir

$$\left(\sum_{i=1}^{m} v_i\right)_{m\in\mathbb{N}}$$

y cuando esta nueva secuencia sea convergente su límite se denomia *serie* y se denota por $\sum_{i=1}^{\infty} v_i$. También es común decir que esta secuencia de sumas parciales define una *serie convergente*.

Ejemplo 3.10. En toda serie convergente $\sum_{i=1}^{\infty} v_i$ se tiene que $d(v_i, 0) = \|v_i\| \to 0$. En efecto, denotemos $S_k = \sum_{i=1}^{k} v_i$ para cada $k \in \mathbb{N}$. Entonces (S_k) es convergente y sea L su límite. Luego dado $\varepsilon > 0$ existe un $N \in \mathbb{N}$ suficientemente grande tal que $|v_n| = d(S_{n+1}, S_n) \leq d(S_{n+1}, L) + d(S_n, L) < 2\varepsilon$ para cada $n \geq N$.

Ejemplo 3.11. Toda serie de números reales no negativos es convergente siempre que las sumas parciales admitan una cota superior.

Notemos que el recíproco del ejemplo anterior es falso, basta considerar en $\mathbb{R}$ la serie armónica.

A continuación presentaremos el *espacio de secuencias p-convergentes* el cual es un espacio normado, y por tanto métrico, muy importante en el Análisis Matemático pues tiene dimensión infinita y es una generalización de las p-normas en $\mathbb{R}^m$.

Consideremos ahora para $p \geq 1$, el conjunto

$$l_p(\mathbb{R}) = \left\{ (x_n)_{n\in\mathbb{N}} \subset \mathbb{R} : \sum_{i=1}^{\infty} |x_i|^p < \infty \right\},$$

esto es, $l_p(\mathbb{R})$ es el conjunto de las secuencias $(x_n)_{n\in\mathbb{N}}$ reales tal que la sucesión $(\sum_{i=1}^m |x_i|^p)_{m\in\mathbb{N}}$ es convergente. Este conjunto admite una estructura de espacio vectorial, de dimensión infinita, cuyas operaciones son definidas de la siguiente manera:

$$(x_n)_{n\in\mathbb{N}} + (x_n)_{n\in\mathbb{N}} = (x_n + y_n)_{n\in\mathbb{N}},$$

$$\alpha(x_n)_{n\in\mathbb{N}} = (\alpha x_n)_{n\in\mathbb{N}}.$$

Proposición 3.12. *La aplicación*

$$\|x\|_p = \left(\sum_{i=1}^{\infty} |x_i|^p \right)^{\frac{1}{p}}, \quad \textit{donde } x = (x_n)_{n\in\mathbb{N}},$$

es una norma en $l_p(\mathbb{R})$.

Prueba. Para ver esto, es suficiente probar que $l_p(\mathbb{R})$ es cerrado por la suma y $\|\cdot\|_p$ satisface la desigualdad triangular; en efecto, por la Proposición 3.3, dado $m \in \mathbb{N}$ para $x = (x_n)_{n\in\mathbb{N}}$ e $y = (x_n)_{n\in\mathbb{N}}$ en $l_p(\mathbb{R})$ se tiene

$$\left(\sum_{i=1}^{m} |x_i + y_i|^p \right)^{\frac{1}{p}} \leq \left(\sum_{i=1}^{m} |x_i|^p \right)^{\frac{1}{p}} + \left(\sum_{i=1}^{m} |y_i|^p \right)^{\frac{1}{p}},$$

y con mayor razón

$$\left(\sum_{i=1}^{m} |x_i + y_i|^p \right)^{\frac{1}{p}} \leq \left(\sum_{i=1}^{\infty} |x_i|^p \right)^{\frac{1}{p}} + \left(\sum_{i=1}^{\infty} |y_i|^p \right)^{\frac{1}{p}},$$

en consecuencia, usando el hecho que toda secuencia monótona y limitada en $\mathbb{R}$ es convergente; haciendo $m \to \infty$ tenemos que $x + y \in l_p(\mathbb{R})$ y

$$\|x + y\|_p \leq \|x\|_p + \|y\|_p.$$

□

Proposición 3.13. *Sean* $(x_n)_{n\in\mathbb{N}} \in l_p(\mathbb{R})$ *y* $0 < \alpha \leq 1$ *entonces*

$$\left(\sum_{i=1}^{\infty} |x_n|\right)^{\alpha} \leq \sum_{i=1}^{\infty} |x_n|^{\alpha}.$$

Prueba. Podemos asumir que $(x_n)_{n\in\mathbb{N}}$ no es la secuencia nula. Dado $m \in \mathbb{N}$, podemos escribir

$$\sum_{i=1}^{m} \frac{|x_i|^{\alpha}}{\left(\sum_{j=1}^{m} |x_j|\right)^{\alpha}} = \sum_{i=1}^{m} \left(\frac{|x_i|}{\sum_{j=1}^{m} |x_j|}\right)^{\alpha}.$$

Como $0 < \alpha \leq 1$ y $|x_i| \leq \sum_{j=1}^{m} |x_j|$ se tiene que

$$\left(\frac{|x_i|}{\sum_{j=1}^{m} |x_j|}\right)^{\alpha} \geq \frac{|x_i|}{\sum_{j=1}^{m} |x_j|}.$$

Por lo tanto

$$\sum_{i=1}^{m} \frac{|x_i|^{\alpha}}{\left(\sum_{j=1}^{m} |x_j|\right)^{\alpha}} \geq \sum_{i=1}^{m} \frac{|x_i|}{\sum_{j=1}^{m} |x_j|} = 1.$$

De donde para cada $m \in \mathbb{N}$ se verifica

$$\left(\sum_{i=1}^{m} |x_n|\right)^{\alpha} \leq \sum_{i=1}^{m} |x_n|^{\alpha} \leq \sum_{i=1}^{\infty} |x_n|^{\alpha}.$$

□

Proposición 3.14. *Sean* $1 \leq p \leq q$*, entonces*

$$l_p(\mathbb{R}) \subset l_q(\mathbb{R}).$$

Prueba. Sea $(x_n)_{n\in\mathbb{N}} \in l_p(\mathbb{R})$. Dado que $p \leq q$ se tiene la relación $0 < p/q \leq 1$, y usando la Proposición 3.13 obtenemos

$$\left(\sum_{i=1}^{\infty} |x_i|^q\right)^{1/q} = \left(\sum_{i=1}^{\infty} |x_i|^q\right)^{p/qp} \leq \left(\sum_{i=1}^{\infty} |x_i|^{q(p/q)}\right)^{1/p} = \left(\sum_{i=1}^{\infty} |x_i|^p\right)^{1/p} < \infty$$

□

De manera análoga al caso finito dimensional podemos considerar el conjunto

$$l_\infty(\mathbb{R}) = \{(x_n)_{n\in\mathbb{N}} \subset \mathbb{R} : \sup_{i\in\mathbb{N}} |x_i| < \infty\},$$

y mostrar que $l_\infty(\mathbb{R})$ es un espacio vectorial normado con norma dada por

$$\|x\|_\infty = \sup_{i\in\mathbb{N}} |x_i|.$$

Note que la notación $\|\cdot\|_\infty$ ya fue introducida en una sección pasada y nosotros volvemos a utilizarla pues $l_\infty(\mathbb{R}) \subset \mathcal{B}(\mathbb{N},\mathbb{R})$. En efecto, toda $(x_n)_{n\in\mathbb{N}} \in l_\infty(\mathbb{R})$ puede interpretarse como una aplicación $x : \mathbb{N} \to \mathbb{R}$ que satisface

$$|x(n) - x(m)| = |x_n - x_m| \le 2\sup_{i\in\mathbb{N}} |x_i|, \ \forall\, m, n \in \mathbb{N}.$$

Luego $diam(x(\mathbb{N})) < \infty$, que prueba lo afirmado.

Por otro lado, podemos considerar $\mathbb{R}^m$ como un subespacio normado de $l_q(\mathbb{R})$ dado que $x = (x_1, \cdots, x_m)$ puede ser visto como $x = (x_n)_{n\in\mathbb{N}}$ donde $x_j = 0$ para cada $j > m$ y así la normas coinciden. Luego el siguiente resultado generaliza la Proposición 3.3.

Teorema 3.15. *Si existe $p_0 \in \mathbb{N}$ tal que $x = (x_n)_{n\in\mathbb{N}} \in l_{p_0}(\mathbb{R})$, se tiene que*

$$\lim_{p\to\infty} \|x\|_p = \sup_{i\in\mathbb{N}} |x_i|.$$

Prueba. Sin pérdida de generalidad podemos asumir que $x = (x_n)_{n\in\mathbb{N}}$ no es la secuencia nula. Dado $p \ge p_0$, por la Proposición 3.14, se sigue que $x \in l_p(\mathbb{R})$ y entonces $\sup_{i\in\mathbb{N}} |x_i| < \infty$, además

$$\|x\|_p = \left(\sum_{i=1}^{\infty} |x_i|^p\right)^{\frac{1}{p}} = \left(\sum_{i=1}^{\infty} |x_i|^{p_0}|x_i|^{p-p_0}\right)^{\frac{1}{p}},$$

de donde se obtiene

$$\|x\|_p \le \|x\|_{p_0}^{p_0/p}\{\sup_{i\in\mathbb{N}} |x_i|\}^{1-p_0/p}.$$

Haciendo $A = \dfrac{\|x\|_{p_0}^{p_0}}{\{\sup_{i\in\mathbb{N}} |x_i|\}^{p_0}} > 0$, tenemos

$$\|x\|_p \le A^{\frac{1}{p}}.\sup_{i\in\mathbb{N}} |x_i|.$$

Dado que $A^{\frac{1}{p}} \to 1$, por definición de límite, dado $\varepsilon > 0$ existe un número real $\delta > p_0$ tal que $A^{\frac{1}{p}} < 1 + \varepsilon$ para todo $p > \delta$, en consecuencia, obtenemos las siguientes relaciones

$$\sup_{i \in \mathbb{N}} |x_i| \leq \|x\|_p \leq (1+\varepsilon). \sup_{i \in \mathbb{N}} |x_i|, \text{ para todo } p > \delta.$$

Las cuales nos permiten concluir la prueba. □

Ejercicios

3.1 Sean $(x_n)_{n\in\mathbb{N}}$ y $(y_n)_{n\in\mathbb{N}}$ dos secuencias convergentes en (M, d). Si para cada $n \in \mathbb{N}$, definimos $z_{2n} = x_n$ y $z_{2n+1} = y_n$, pruebe que z_n converge a $l \in M$ si y solo si tanto $(x_n)_{n\in\mathbb{N}}$ como $(y_n)_{n\in\mathbb{N}}$ convergen a l.

3.2 Sea $\sum_{i=1}^{\infty} |x_n|$ una serie convergente y sea $(y_n)_{n\in\mathbb{N}}$ una secuencia limitada sobre $\mathbb{R}$. Pruebe que $\sum_{i=1}^{\infty} |x_n y_n|$ es convergente.

3.3 Sean $(u_n)_{n\in\mathbb{N}}$ y $(v_n)_{n\in\mathbb{N}}$ dos secuencias en un espacio vectorial normado E. Si $(u_n)_{n\in\mathbb{N}}$ es convergente y $\|u_n - v_n\| < \frac{1}{n}$, pruebe que $(v_n)_{n\in\mathbb{N}}$ es también convergente.

3.4 Sean $1 \leq p \leq q$, probar que $\|x\|_q \leq \|x\|_p$, para todo $x \in l_p(\mathbb{R})$.

4. Funciones Continuas

Este tipo de funciones son los mediadores entre dos Espacios Métricos. Más generalmente en Topología, donde la estructura métrica no es necesaria, las funciones continuas son los morfismos naturales entre los Espacios Topológicos.

Definición 4.1. *Una aplicación $f : (M, d_M) \to (N, d_N)$ se dice continua en x, donde $x \in M$, si dado $\varepsilon > 0$ existe un $\delta > 0$ tal que si $y \in X$ satisface $d(x, y) < \delta$ entonces $d(f(x), f(y)) < \varepsilon$. Si la aplicación f es continua para cada $x \in M$ diremos que f es continua.*

Ejemplo 4.2. Sea $(E, \|\cdot\|)$ un espacio vectorial normado. Entonces la norma, como aplicación $\|\cdot\| : E \to [0, +\infty)$, es continua cuando en E se considera la métrica inducida por la norma y en $[0, +\infty)$ se considera cualquier métrica inducida por una norma de $\mathbb{R}$. En efecto; dados $x \in E$ y $\varepsilon > 0$, basta tomar $\delta < \frac{\varepsilon}{\alpha}$ donde α es la norma en $\mathbb{R}$ de 1. Luego si $y \in E$ satisface $d_E(x, y) = \|x - y\| < \delta$, por la Proposición 2.1 se tiene $| \|x\| - \|y\| | < \frac{\varepsilon}{\alpha}$. Por consiguiente, $d_{\mathbb{R}}(\|x\|, \|y\|) < \varepsilon$ de donde $\|\cdot\|$ es continua en x.

Por otro lado, la noción de continuidad puede ser caracterizada utilizando la convergencia de sucesiones.

Teorema 4.3. *Una aplicación* $f : (M, d_M) \to (N, d_N)$ *es continua en* x, *donde* $x \in M$, *si y solo si para cualquier sucesión* $(x_n)_{n\in\mathbb{N}}$ *convergente hacia* x, *entonces la sucesión de imágenes* $(f(x_n))_{n\in\mathbb{N}}$ *convergente hacia* $f(x)$.

Prueba. Supongamos $f\colon (M, d_M) \to (N, d_N)$ sea continua y sea $(x_n)_{n\in\mathbb{N}}$ convergente hacia x. Probaremos que $(f(x_n))_{n\in\mathbb{N}}$ converge hacia $f(x)$. Para esto usaremos la definición de convergencia. Dado $\varepsilon > 0$, existe un $\delta > 0$ tal que si $y \in X$ satisface $d(x, y) < \delta$ entonces $d(f(x), f(y)) < \varepsilon$. Para este $\delta > 0$, existe $N \in \mathbb{N}$ tal que $d(x_n, x) < \delta$ para cada $n \geq N$. Luego, por la continuidad en x, $d(f(x_n), f(x)) < \varepsilon$ para todo $n \geq N$ lo cual prueba que $(f(x_n))_{n\in\mathbb{N}}$ converge hacia $f(x)$. Recíprocamente, si $f\colon (M, d_M) \to (N, d_N)$ no es continua en x, entonces existe un $\varepsilon_0 > 0$ tal que para cada $n \in \mathbb{N}$ es posible encontrar un $x_n \in M$ tal que $d(x_n, x) < 1/n$ y además $d(f(x_n), f(x)) \geq \varepsilon_0$. Entonces $(x_n)_{n\in\mathbb{N}}$ converge hacia x, pero la sucesión de imágenes $(f(x_n))_{n\in\mathbb{N}}$ no converge hacia $f(x)$ lo cual es absurdo. □

Ejemplo 4.4. Si d_M es la métrica discreta, toda función $f : M \to N$ es continua independientemente de la métrica d_N; en efecto, sabemos que en la métrica discreta una secuencia $(x_n)_{n\in\mathbb{N}}$ converge a x cuando es constante a partir de un índice grande, entonces $d(f(x_n), f(x)) = 0$ a partir de un índice grande, por tanto f será continua en x.

Ejemplo 4.5. Toda transformación lineal entre espacios normados es continua si el espacio de partida es $(\mathbb{R}^m, d_1)$. En efecto; sea F un espacio normado y sea $T\colon \mathbb{R}^m \to F$ una transformarción lineal. Usando el Ejercicio 4.8 es suficiente probar la continuidad de T en el origen. Sea $(x_n)_{n\in\mathbb{N}}$ convergente a 0. Note que si $\{e_1, \cdots, e_n\}$ es la base canónica de $\mathbb{R}^m$, para cada $n \in \mathbb{N}$ se tiene

$$d(T(x_n), T(0)) = \|T(x_n)\|_F \leq \sum_{j=1}^{m} |x_j^n| \cdot \|T(e_j)\| \leq \|x_n\|_1 \max_{1\leq j\leq m} \{\|T(e_j)\|\},$$

donde $x_n = x_1^n e_1 + \cdots + x_m^n e_m$. Luego $d(T(x_n), T(0)) \leq m.d_1(x_n, 0)$ para algún $m \geq 0$ y por consiguiente $d(T(x_n), T(0)) \to 0$.

En relación al ejemplo anterior, usando la equivalencia de normas en espacios de dimensión finita se puede probar que toda transformación lineal entre espacios normados es continua si el espacio de partida es finito dimensional; pero si este es infinito dimensional podemos construir una transformación lineal no continua.

Ejemplo 4.6. Sea $(E, \|\cdot\|)$ un espacio normado infinito dimensional. Si $\mathcal{B}_E = \{v_i \in E : i \in I\}$ es una base algebraica de E, entonces I es infinito. Así, existe una biyección $f : I \to \mathbb{N}$. Fijado $u \in E$, definamos $T : E \to E$ tal que

$$T(v_i) = f(i)\|v_i\|u.$$

Supongamos que T es continua. Usando el Ejercicio 4.8, existe $c \geq 0$ tal que

$$f(i)\|v_i\|\|u\| = \|T(v_i)\| \leq c\|v_i\|, \text{ para cada } i \in I.$$

Entonces, f resulta acotada lo que es una contradicción.

Podemos obtener más aplicaciones continuas utilizando operaciones entre funciones.

Proposición 4.7. *La compuesta de dos aplicaciones continuas es continua.*

Finalizamos esta sección fijando algunas notaciones y mostrando un resultado que nos será de utilidad en las siguientes secciones.

Denotaremos por $\mathcal{C}(M, N)$ al conjunto de las aplicaciones continuas y por $\mathcal{C}_b(M, N)$ al conjunto de las aplicaciones continuas y limitadas del espacio métrico (M, d_M) en el espacio métrico (N, d_N) respectivamente. Se sigue inmediatamente que $\mathcal{C}_b(M, N) \subset \mathcal{B}(M, N)$ por lo que las aplicaciones continuas y limitadas admiten una estructura métrica heredada por las aplicaciones limitadas, es decir, sobre $\mathcal{C}_b(M, N)$ tiene sentido considerar la métrica

$$d(f, g) = \sup_{x \in X} d(f(x), g(x)).$$

Con esta estructura podemos obtener un resultado clásico sobre la continuidad del *límite uniforme* de aplicaciones continuas limitadas.

Teorema 4.8. *Sea $(f_n)_{n\in\mathbb{N}}$ una secuencia en $\mathcal{C}_b(M, N)$. Si $(f_n)_{n\in\mathbb{N}}$ converge a f en $\mathcal{B}(M, N)$, entonces $f \in \mathcal{C}_b(M, N)$.*

Prueba. Por la convergencia se tiene que $f \in \mathcal{B}(M, N)$. Resta mostrar que f es continua en M. Dado $x_0 \in M$, por la hipótesis sobre la secuencia $(f_n)_{n\in\mathbb{N}}$, para cada $\varepsilon > 0$ es posible encontrar un $N \in \mathbb{N}$ tal que

$$d(f_n(z), f(z)) < \varepsilon/3,$$

para cada $n \geq N$, y todo $z \in M$. En particular, esto es válido para $z = x$ y $z = x_0$. Sabemos que f_{N+1} es continua en x_0. Entonces, existe $\delta > 0$ tal que

$$d(f_{N+1}(x), f_{N+1}(x_0)) < \varepsilon/3,$$

siempre que $d_M(x, x_0) < \delta$.

Por la desigualdad triangular, para cada $x \in M$ con $d_M(x, x_0) < \delta$, obtenemos

$$\begin{aligned} d(f(x), f(x_0)) &\leq d(f(x), f_{N+1}(x)) + d(f_{N+1}(x), f_{N+1}(x_0)) + \\ &\quad + d(f_{N+1}(x_0), f_{N+1}(x_0), \\ &< \varepsilon/3 + \varepsilon/3 + \varepsilon/3 = \varepsilon. \end{aligned}$$

De donde $f \in \mathcal{C}_b(M, N)$. □

Es importante resaltar que sin alguna condición adicional sobre M y N, en $\mathcal{C}(M, N)$ no es posible definir la distancia del supremo anterior pues, por ejemplo, si $M = N = \mathbb{R}$ entonces $f(x) = x$ y $g(x) = 2x$ satisfacen $d(f, g) = \infty$. Más adelante veremos que si M es compacto, entonces $\mathcal{C}(M, N) = \mathcal{C}_b(M, N)$.

Ejercicios

4.1 Pruebe la Proposición 2.32.

4.2 Pruebe que si $f\colon (M, d_M) \to (N, d_N)$ es una aplicación tal que para cada secuencia convergente $(x_n)_{n\in\mathbb{N}}$ en M la secuencia $(f(x_n))_{n\in\mathbb{N}}$ es convergente en N, entonces f es continua.

4.3 Sean $M \subset \mathbb{R}^m$ y $N \subset \mathbb{R}^n$ donde d_N es la métrica discreta. Pruebe que $f : M \to N$ es continua en x si y solo f es localmente constante; esto es, existe $r > 0$ tal que $f(z) = f(x)$ para todo $d_M(z, x) < r$.

4.4 Sea $f : M \to N$ una aplicación continua. Si $A \subset M$ es un conjunto limitado, pruebe que $f(A)$ también lo es.

4.5 Pruebe que $d'(f, g) = \int_0^2 |f(u) - g(u)|du$ es una métrica en $\mathcal{C}_b([0, 2], \mathbb{R})$.

4.6 Sea $f\colon (M, d_M) \to (N, d_N)$ continua y sea $A \subset M$. Pruebe que la restricción $f|_A\colon (A, d_M) \to (N, d_N)$ es continua.

4.7 Sea E un espacio normado. Pruebe que las aplicaciones $s : E \times E \to E$, $m : \mathbb{K} \times E \to E$ definidas como $s(x, y) = x + y$ y $m(\lambda, x) = \lambda \cdot x$ son continuas.

4.8 Sean E y F espacios vectoriales normados y $T : E \to F$ una aplicación lineal. Pruebe que son equivalentes

(a) T es continua.

(b) T es continua en 0.

(c) Existe $c \geq 0$ tal que $\|T(x)\| \leq c\|x\|$ para cada $x \in E$.

4.9 Pruebe el Teorema del Valor Intermedio: sea $f : [a, b] \to \mathbb{R}$ continua, relativa a cualquier métrica inducida por una norma, y suponga que existe $k \in \mathbb{R}$ tal que $f(a) < k < f(b)$, entonces existe $c \in [a, b]$ tal que $f(c) = k$.

4.10 Sean M, N espacios métricos, prueb que la aplicación

$$\begin{array}{rccc} eva: & \mathcal{B}(M,N) \times M & \longrightarrow & N \\ & (f,x) & \mapsto & f(x), \end{array}$$

es continua en (f_0, x_0) si y solo si f_0 es continua en x_0.

5. Aplicaciones Lipschitzianas

A continuación estudiaremos un tipo de aplicaciones continuas muy importantes en el Análisis Matemático donde la continuidad se hace uniforme en el espacio ambiente gracias a la condición de Lipschitz. Esta condición fue introducida en el trabajo de R. Lipschitz sobre series trigonométricas, y en ecuaciones diferenciales ordinarias, así como en un trabajo de Holder sobre Teoría de Potencial [**22**], [**19**].

Definición 5.1. *Decimos que una aplicación $f : (M, d_M) \to (N, d_N)$ satisface la condición de Lipschitz cuando existe un $k > 0$ tal que*

$$d_M(f(x), f(y)) \leq k\, d_N(x, y) \text{ para todo } x, y \in M.$$

Diremos que f es Lipschitz o Lipschitziana si satisface la condición de Lipschitz.

Dada $f : (M, d_M) \to (N, d_N)$ Lipschitz, existe un $k > 0$ con la propiedad que si $x, y \in M$ son tales que $x \neq y$ entonces

$$\frac{d_M(f(x), f(y))}{d_N(x, y)} \leq k,$$

de modo tal que podemos considerar el número $Lip(f)$, denominado constante de Lipschitz de f, dado por

$$Lip(f) = \inf\left\{k > 0 : \frac{d_M(f(x), f(y))}{d_N(x, y)} \leq k, \forall\, x, y \in X, x \neq y\right\}.$$

Notemos que en general una aplicación Lipschitz f no necesita ser limitada y su constante verifica $0 \leq Lip(f) < \infty$.

Proposición 5.2. *Sea* $f : (M, d_M) \to (N, d_N)$ *una aplicación Lipschitziana. Entonces, para cada* $x, y \in X$, *se tiene* $d_N(f(x), f(y)) \leq Lip(f)\, d_M(x, y)$.

Prueba. Sean $x, y \in X$ tales que $x \neq y$. Por la definición de $Lip(f)$, dado $\varepsilon > 0$ existe un $k_0 \geq 0$ tal que

$$\frac{d_M(f(x), f(y))}{d_N(x, y)} \leq k_0 < Lip(f) + \varepsilon,$$

luego $d_M(f(x), f(y)) \leq (Lip(f) + \varepsilon)d_N(x, y)$ para cada $x, y \in X$. Note que si $x = y$ se da la igualdad. Finalmente, dado que $\varepsilon > 0$ fue arbitrario se sigue que $d_M(f(x), f(y)) \leq Lip(f)\, d_N(x, y)$ para cada $x, y \in X$. □

Ejemplo 5.3. Una aplicación $f : (M, d_M) \to (N, d_N)$ es constante si y solo si $Lip(f) = 0$. En efecto, si f es constante entonces $0 \leq Lip(f) \leq \frac{1}{n}$ para cada $n \in \mathbb{N}$. Luego $Lip(f) = 0$. El recíproco es inmediato de la Proposición anterior.

Ejemplo 5.4. Toda métrica $d : M \times M \to [0, \infty)$ es Lipschitziana si en $M \times M$ consideramos la métrica $d((x_1, x_2), (y_1, y_2)) = d(x_1, y_1) + d(x_2, y_2)$ y en $[0, +\infty)$ se considera cualquier métrica inducida por una norma de $\mathbb{R}$.

Ejemplo 5.5. Sean (M, d) un espacio métrico, X un conjunto arbitrario no vacío y sea $z \in X$. La aplicación evaluación en z

$$\begin{array}{rccc} eva_z : & \mathcal{B}(X, M) & \longrightarrow & M \\ & f & \mapsto & f(z), \end{array}$$

es Lipschitziana. En efecto, sean f, g en $\mathcal{B}(X, M)$ De la definición se tiene la desigualdad $d(eva_z(f), eva_z(g)) = d(f(z), g(z)) \leq \sup_{x \in X}\{d(f(x), g(x))\} = d(f, g)$. Entonces $Lip(eva_z) \leq 1$. Note que no siempre se tendrá $Lip(eva_z) = 1$.

Proposición 5.6. *Toda aplicación* $f : (M, d_M) \to (N, d_N)$ *Lipschitz es continua.*

En los espacios normados, por ejemplo cuando $M \subset \mathbb{R}^m$ y $N \subset \mathbb{R}^n$, las aplicaciones Lipschitz admiten una interpretación relacionada con los objetos geométricos llamados conos.

Dado $a \in \mathbb{R}^m$ y $k > 0$, el *cono* de vértice $(a, f(a))$ e inclinación k en $\mathbb{R}^m \times \mathbb{R}^n$ es definido como

$$C(a, k) = \{(z, w) \in \mathbb{R}^m \times \mathbb{R}^n : d_N(w, f(a)) \leq k d_M(z, a)\}.$$

Si denotamos por $G(f)$ al gráfico de la aplicación $f : M \to N$, es decir, el conjunto $G(f) = \{(a,b) \in M \times N : b = f(a)\} \subset \mathbb{R}^m \times \mathbb{R}^n$, se sigue inmediatamente de la definición de aplicación Lipschitz la siguiente inclusión

$$G(f) \subset \bigcap_{a\in M} C(a,k),$$

es decir para una aplicación Lipschitz el gráfico está contenido dentro de los conos de inclinación k generados en cada punto de $G(f)$.

Ejemplo 5.7. La aplicación $f : [0,+\infty) \to [0,+\infty)$ definida como $f(x) = \sqrt{x}$ no satisface la condición de Lipschitz dado que para cada $k > 0$ el cono con vértice en $(0, f(0))$ es

$$\begin{aligned} C(0,k) &= \{(x,y) \in \mathbb{R} \times \mathbb{R} : d(y, f(0)) \leq kd(x,0)\} \\ &= \{(x,y) \in \mathbb{R} \times \mathbb{R} : |y-0| \leq k|x-0|\} \\ &= \{(x,y) \in \mathbb{R} \times \mathbb{R} : |y| \leq k|x|\} \end{aligned}$$

y el par ordenado $\left(\frac{1}{(k+1)^2}, \frac{1}{k+1}\right)$ satisface $\left(\frac{1}{(k+1)^2}, \frac{1}{k+1}\right) \in G(f) \setminus C(0,k)$. De esta manera el gráfico de f no está contenido en el cono de inclinación k y vértice $(0,0)$.

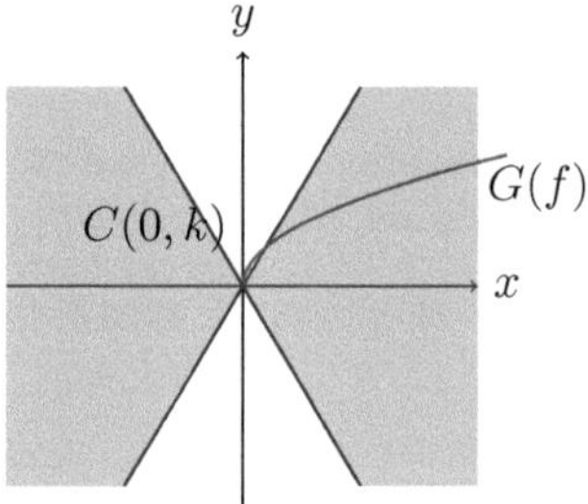

Notemos además que para cualquier $x_0 > 0$, existe un $k = k(x_0) > 0$ tal que el cono de vértice $(x_0, f(x_0))$ contiene al gráfico de f como se muestra en la siguiente figura.

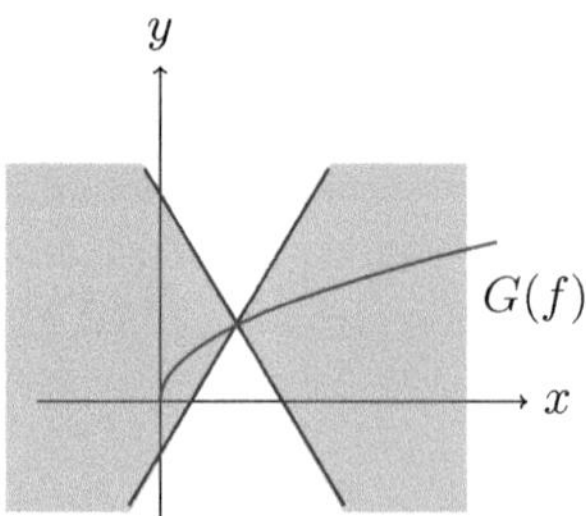

Esto motiva al estudio de aplicaciones *localmente Lipschitz.*

Definición 5.8. *Decimos que una aplicación $f : (M, d_M) \to (N, d_N)$ es localmente lipschitziana en z si existen $r > 0$ y $k = k(z)$ tal que para cualesquiera $x, y \in B(z, r)$ se satisface la condición de lipschitz, es decir*

$$d_N(f(x), f(y)) \leq k \cdot d_M(x, y).$$

Cuando f es localmente lipschitziana en todo punto de su dominio diremos que f es localmente lipschitziana.

Note que toda aplicación lipschitziana es localmente lipschitziana, sin embargo lo recíproco no es cierto. Por ejemplo, $f : \mathbb{R} \to \mathbb{R}$ dada por $f(x) = x^2$ es localmente lipschitziana pero no es lipschitziana.

Proposición 5.9. *Toda aplicación $f : \mathbb{R}^n \to \mathbb{R}^n$ de clase C^1 es localmente lipschitziana.*

Prueba. Consideremos las funciones componentes $f_i : \mathbb{R}^n \to \mathbb{R}$ de f, esto es, $f = (f_1, \cdots, f_n)$. Note que cada f_i es diferenciable. Sea $z \in \mathbb{R}^n$. Tomemos $k_i > 0$ tal que $||\nabla f_i(z)|| < k_i$. Al ser f_i de clase C^1, existe $r_i > 0$ tal que $||\nabla f_i(u)|| < k_i$ para todo $u \in B(z, r_i)$. Además de la convexidad de $B(z, r_i)$, sabemos que dados $x, y \in B(z, r_i)$ se satisface $x + t(y - x) \in B(z, r_i)$ para cada $t \in [0, 1]$. Luego por el Teorema fundamental del Cálculo

$$f_i(y) - f_i(x) = \int_0^1 \langle \nabla f_i(x + t(y - x)), y - x \rangle dt.$$

Por tanto para $x, y \in B(z, r)$ donde $r = \min\{r_i\}$ se tiene

$$\begin{aligned} ||f(y) - f(x)||^2 &= \sum_{i=1}^{n} |f_i(y) - f_i(x)|^2 \\ &\leq \sum_{i=1}^{n} \max_{t \in [0,1]} ||\nabla f_i(x + t(y - x))||^2 . ||y - x||^2 \leq \sum_{i=1}^{n} k_i^2 ||y - x||^2. \end{aligned}$$

Finalmente, tomando $k = ||(k_1, k_2, \cdots, k_n)|| > 0$ obtenemos

$$||f(y) - f(x)|| \leq k||y - x||.$$

□

Notemos que la prueba del resultado anterior nos muestra una manera de encontrar la constante del Lipschitz local.

Ejemplo 5.10. Sea $f : \mathbb{R}^2 \to \mathbb{R}^2$ tal que $f(x,y) = (\sin(x^2) + 2y,\ x - y^2)$. Por el Teorema anterior, f es localmente lipschitziana. Más aún, para el punto $z = (0,1)$ se tiene $||\nabla f_1(0,1)|| = ||(0,2)|| = 2$ y $||\nabla f_2(0,1)|| = ||(1,-2)|| = \sqrt{5}$. Luego

$$||f(y) - f(x)|| \leq 3||y - x||,$$

en una vecindad de $z = (0,1)$.

Ejercicios

5.1 Sean $f : (M, d_M) \to (N, d_N)$ y $g : (N, d_N) \to (R, d_R)$ funciones Lipschitz. Pruebe que $g \circ f : (M, d_M) \to (R, d_R)$ es Lipschitz y además $Lip(g \circ f) \leq Lip(f)Lip(g)$.

5.2 Sean (M, d) espacio métrico, $(E, \|\cdot\|)$ espacio normado y $f, g : M \to E$ aplicaciones Lipschitzianas. Probar que

(a) $Lip(\alpha f) = |\alpha| Lip(f)$ para toda $\alpha \in \mathbb{R}$.

(b) $Lip(f + g) \leq Lip(f) + Lip(g)$.

(c) Si además $f, g \in \mathcal{B}(M, \mathbb{R})$, entonces $Lip(fg) \leq \|g\|_\infty Lip(f) + \|f\|_\infty Lip(g)$.

5.3 Si denotamos por $Lip(M, E)$ al conjunto de aplicaciones Lipschitz entre (M, d) y $(E, \|\cdot\|)$, entonces pruebe que $Lip(M, E)$ es un espacio vectorial y para cada $z \in X$, $\|f\|_L = |f(z)| + Lip(f)$ define una norma en $Lip(M, E)$.

5.4 Demuestre la Proposición 2.27.

5.5 Considere la aplicación $\pi_k : (\mathbb{R}^m, d_p) \to (\mathbb{R}, |\cdot|)$ cuya regla de correspondencia viene dada por $\pi_k(x_, \cdots, x_m) = x_k$, llamada proyección en la coordenada k. Pruebe que π_k es Lipschitz.

5.6 Sea (M, d) un espacio métrico. Sea $\{f_\lambda\}$ una familia de funciones real-valuadas $f_\lambda : M \to \mathbb{R}$ tales que $Lip(f_\lambda) \leq k$ para algún $k \geq 0$. Supongamos que existe un $x_0 \in X$ tal que el conjunto $\{f_\lambda(x_0)\}_\lambda$ es acotado inferiormente. Pruebe que podemos definir $F : M \to \mathbb{R}$ como $F(x) = \inf_\lambda \{f_\lambda(x)\}$ y satisface $Lip(F) \leq k$.

5.7 Sea $A \subset M$ y sea $f : A \to \mathbb{R}$ una aplicación lipschitziana. Pruebe que existe una aplicación lipschitziana $F : M \to \mathbb{R}$ tal que $F|_A = f$ y $Lip(F) \leq Lip(f)$.

6. Homeomorfismos

A continuación estudiaremos un tipo especial de aplicaciones continuas: los Homeomorfismos. Estos, no son más que biyecciones donde la continuidad se tiene tanto para la aplicación como su inversa. En Topología, estas son las transformaciones que preservan la estructura topológica; en Espacios Métricos veremos que la estructura métrica es preservada por la noción de Isometría.

Definición 6.1. *Una aplicación $f : M \to N$ donde M y N admiten estructura métrica se dice homeomorfismo cuando se satisfacen las siguientes condiciones:*

(1) *La aplicación f es biyectiva, esto es, f es inyectiva y sobreyectiva.*

(2) *Tanto f y f^{-1} son continuas.*

Cuando existe un homeomorfismo $f : M \to N$, diremos que M es homeomorfo a N y lo denotaremos por $M \simeq N$. Note que si esto ocurre entonces también $N \simeq M$; por tanto, basta mencionar que M y N son homeomorfos.

Ejemplo 6.2. El intervalo (a, b) es homeomorfo a la recta real $\mathbb{R}$, en la cual consideramos la métrica inducida por el valor absoluto; esto es, $(a, b) \simeq \mathbb{R}$. En efecto; basta considerar la aplicación $f : (a, b) \to \mathbb{R}$ definida como

$$f(x) = \frac{b-a}{x-a} + \frac{b-a}{x-b}.$$

Ejemplo 6.3. Si $M = \{(x, y) \in \mathbb{R}^2 : x^2 + y^2 = 1\}$ es la círcunferencia centrada en el origen y de radio 1 y N es el cuadrado de vértices $(-1, -1), (1, -1), (1, 1)$ y $(-1, 1)$, entonces $M \simeq N$. En efecto; basta considerar las aplicación $f : M \to N$ tal que

$$f(x, y) = \left(\frac{x}{\|(x, y)\|_\infty}, \frac{y}{\|(x, y)\|_\infty} \right).$$

Note que f está bien definida puesto que $\|f(x, y)\|_\infty = 1$, para cada $(x, y) \in M$.

Si denotamos por

$$\mathbb{S}^{n,p} = \{x \in \mathbb{R}^{n+1} : \|x\|_p = 1\},$$

a la esfera n-dimensional en la norma p, entonces hemos probado que $\mathbb{S}^{1,2} \simeq \mathbb{S}^{1,\infty}$.

Los ejemplos anteriores describen lo que intuitivamente se piensa de un homeomorfismo: "un homeomorfismo puede interpretarse como la acción de doblar, estirar, encojer, o curvar un espacio para llegar al otro, sin hacer cortes, ni pegar puntos, esto es, como si los espacios fueran de goma". Sin embargo, esta interpretación no es cierta en general.

Ejemplo 6.4. Sean $M = \mathbb{S}^{1,2} \cup \{(x,0) \in \mathbb{R}^2 : 0 \leq x \leq 1\}$ y $N = \mathbb{S}^{1,2} \cup \{(x,0) \in \mathbb{R}^2 : 1 \leq x \leq 2\}$. Estos subconjuntos del plano son homeomorfos, para ver esto basta considerar la aplicación $f : M \to N$ tal que

$$f(x,y) = \begin{cases} (2-x,0) & \text{si } 0 \leq x \leq 1,\ y = 0 \\ (x,y) & \text{en otro caso.} \end{cases}$$

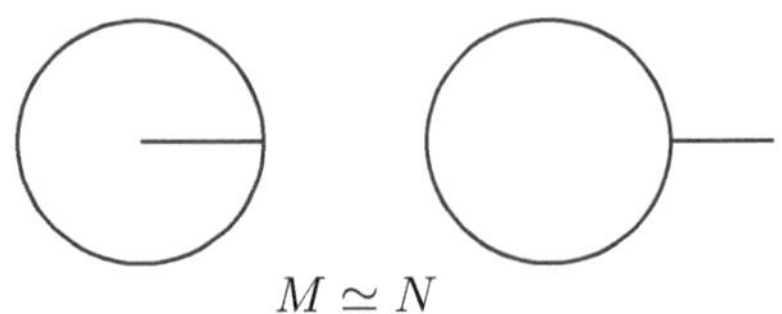

$M \simeq N$

Sin embargo no podemos "transformar" M en N en $\mathbb{R}^2$ sin hacer cortes, ni pegar puntos. Esto formalmente nos dice que no existe un homeomorfismo del plano $F : \mathbb{R}^2 \to \mathbb{R}^2$ tal que $F(M) = N$. En efecto; supongamos exista tal homeomorfismo F. Dado que F es continua, entonces $F(B(1))$ es un conjunto limitado (ver Ejercicio 4.4 de la sección de continuidad). Así, existe $z \in \mathbb{R}^2$ tal que $z \notin F(B(1))$. Sea $\alpha : [0,1] \to \mathbb{R}^2$ un camino continuo tal que $\alpha(0) = F(0,0)$, $\alpha(1) = z$ y $\alpha(t) \notin N$ para cada $t > 0$. Entonces $\beta = F^{-1} \circ \alpha$ es un camino continuo que satisface $\beta(0) = (0,0)$ y además

$$\beta([0,1]) \cap M = (0,0) = F^{-1}(\alpha([0,1])) \cap F^{-1}(N) = F^{-1}(\alpha([0,1]) \cap N) = (0,0).$$

Lo cual nos dice que el único punto de corte de β con M es el origen; sin embargo, usando la hipótesis sobre z se tiene que $\beta(1) \notin M$, por lo que β es un camino continuo que corta también M en $\beta(t_0)$, para algún $t_0 \in (0,1)$, luego $\alpha(t_0) = F(\beta(t_0)) \in N$. Esto contradice la hipótesis de α.

Ejemplo 6.5. Se verifica $\mathbb{R}^{n+1} \setminus \{0\} \simeq \mathbb{S}^{n,p} \times \mathbb{R}$. En efecto, basta considerar las aplicaciones

$$\begin{aligned} f : \mathbb{R}^{n+1} \setminus \{0\} &\longrightarrow \mathbb{S}^{n,p} \times \mathbb{R} \\ x &\mapsto \left(\frac{x}{\|x\|_p}, \log \|x\|_p \right), \end{aligned}$$

y

$$\begin{aligned} g : \mathbb{S}^{n,p} \times \mathbb{R} &\longrightarrow \mathbb{R}^{n+1} \setminus \{0\} \\ (y,t) &\mapsto ye^t. \end{aligned}$$

Queda como ejercicio para el lector probar que $g = f^{-1}$ y ambas aplicaciones son continuas.

En el caso $n = 1$, el ejemplo anterior muestra que $\mathbb{R}^2 \setminus \{0\} \simeq \mathbb{S}^{1,p} \times \mathbb{R}$; es decir, el plano sin el origen es homeomorfo a un cilindro. Entonces, intuitivamente esperamos que $\mathbb{R}^2 \setminus \{0\} \not\simeq \mathbb{R}^2$, más aún $\mathbb{R}^n \setminus \{0\} \not\simeq \mathbb{R}^n$ para $n \geq 2$. Lo cual es cierto. Sin embargo, la prueba de esta afirmación usualmente pasa por las herramientas de la Topología Algebraica y el Álgebra Homológica. Más adelante, daremos una prueba elemental de esta afirmación usando la noción de Compacidad.

Ejercicios

6.1 Demuestre que $\mathbb{S}^{n,2} \setminus \{p\} \simeq \mathbb{R}^n$ donde $p = (0, 1, 0)$.

6.2 Pruebe que los siguientes conjuntos son homeomorfos

(a) $M = \{(x, y, z) \in \mathbb{R}^3 : x^2 + z^2 = 3\}$.

(b) $N = \{(x, y) \in \mathbb{R}^2 : 0 < a < x^2 + y^2 < b\}$.

(c) $O = \{(x, y, z) \in \mathbb{R}^3 : z^2 = x^2 + y^2 > 0\}$.

(d) $\mathbb{S}^{2,2} \setminus \{p, q\}$ donde $p = (0, 1, 0)$ y $q = (1, 0, 0)$.

6.3 Sea $f : M \to N$ una aplicación continua. Si en el producto $M \times N$ se considera la asignación

$$D((a_1, a_2), (b_1, b_2)) = \max\{d_M(a_1, b_1), d_N(a_2, b_2)\},$$

pruebe que:

(a) D es una métrica.

(b) $G(f) \simeq M$.

7. Equivalencia entre Métricas

Sabemos que en $\mathbb{R}^m$ existe una familia de métricas $\{d_p : p \geq 1\}$. Además dado $x \in \mathbb{R}^m$, se tiene que

$$\lim_{p\to\infty} d_p(x, 0) = d_\infty(x, 0).$$

Hasta el momento, esta es la única relación que tenemos para la mencionada familia de métricas. Por esta razón en esta sección estudiaremos, en particular, la relación entre dos métricas d_p y d_q donde $p \neq q$.

Definición 7.1. *Consideremos dos métricas d y d' en M. Diremos que d es más fina que d' cuando la aplicación $i : (M, d) \to (M, d')$ sea continua y denotaremos esta relación por $d \succ d'$.*

A continuación, probaremos una equivalencia para esta relación que en el caso de espacios normados nos dará una interpretación geométrica de cuando una métrica es más fina que otra; para ello debemos definir la noción de bola abierta en un Espacio Métrico.

Dado $r > 0$ y $a \in M$, la *bola abierta* de centro en a y radio r en (M, d) es el conjunto

$$B_d(a, r) = \{z \in M : d(z, a) < r\}.$$

Proposición 7.2. *Dadas dos métricas d y d' en M se tiene que $d \succ d'$ si y solo si toda bola en d' contiene una bola en d del mismo centro.*

Prueba. Sea $B_{d'}(a, r)$ la bola abierta de centro en a y radio r en (M, d'). Supongamos por contradicción que $B_d(a, \beta) \not\subset B_{d'}(a, r)$ para todo $\beta > 0$. Tomando en particular $\beta = \frac{1}{n}$, encontramos un elemento x_n tal que

$$x_n \in B_d(a, \tfrac{1}{n}) \setminus B_{d'}(a, r) \text{ para cada } n \in \mathbb{N}.$$

Así, $d(x_n, a) \to 0$ y en consecuencia utilizando la continuidad de la aplicación inclusión $i : (M, d) \to (M, d')$, tenemos que $d'(x_n, a) \to 0$; ahora de esta convergencia tenemos que para $r > 0$ existen infinitos índices k tales que $d'(x_k, a) < r$, es decir $x_k \in B_{d'}(a, r)$, lo cual es absurdo. Recíprocamente, dada una secuencia $(x_n)_{n \in \mathbb{N}}$ tal que $d(x_n, a) \to 0$, veremos que $d'(x_n, a) \to 0$. Dado $\varepsilon > 0$ existe $\delta > 0$ tal que $B_d(a, \delta) \subset B_{d'}(a, \varepsilon)$. También existe $N \in \mathbb{N}$ tal que $d(x_n, a) < \delta$ para todo $n \geq N$. Por consiguiente, $x_n \in B_{d'}(a, \varepsilon)$ para todo $n \geq N$, esto es, $d'(x_n, a) \to 0$ lo que prueba la continuidad de la inclusión. □

Ejemplo 7.3. En la métrica discreta, las bolas de radio $\frac{1}{2}$ son conjuntos unitarios formados solo por su centro; por tanto, dada cualquier métrica d la métrica discreta es más fina que d.

Ejemplo 7.4. En el plano $\mathbb{R}^2$ obtenemos las siguientes relaciones

$$d_1 \prec d_2 \prec d_3 \prec \cdots \prec d_\infty.$$

En efecto, basta notar cómo son las bolas, por ejemplo de radio $r = 1$, en $\mathbb{R}^2$ para cada una de las métricas: $B_{d_1}((0,0), 1)$ es un rombo, $B_{d_2}((0,0), 1)$ es un círculo, $B_{d_p}((0,0), 1)$ es un círculo que va deformándose hacia un cuadrado y finalmente $B_{d_\infty}((0,0), 1)$ es un cuadrado. Entonces, la afirmación es cierta dado que podemos encontrar un círculo dentro de un rombo y así sucesivamente.

Notemos que también podemos encontrar un rombo dentro de un círculo, de esta forma $d_2 \prec d_1$; por consiguiente, tenemos que $d_1 \prec d_2$ y $d_2 \prec d_1$. Cuando esto ocurre estamos ante la equivalencia de métricas.

Definición 7.5. *Diremos que dos métricas d y d' en M son equivalentes cuando la aplicación inclusión $i : (M, d) \to (M, d')$ es un homeomorfismo, es decir, se tenga $d \prec d'$ y $d' \prec d$; denotaremos esta equivalencia de métricas con $d \sim d'$.*

Retornando al ejemplo anterior, en el plano $\mathbb{R}^2$, tenemos que

$$d_1 \sim d_2 \sim d_3 \sim \cdots \sim d_\infty.$$

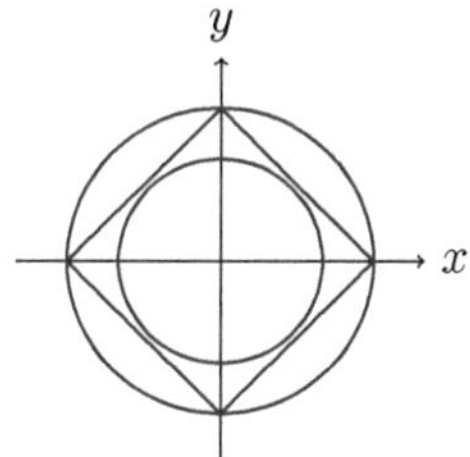

A continuación, exhibiremos un ejemplo de un espacio métrico con dos métricas no equivalentes.

Ejemplo 7.6. Consideremos en $M = \mathcal{C}_b([0,2], \mathbb{R})$ la métrica del supremo; es decir,

$$d(f, g) = \sup_{t\in[0,2]} \{|f(t) - g(t)|\}.$$

Por otro lado, del Ejercicio 4.5, se sabe que M también admite la siguiente métrica:

$$d'(f, g) = \int_0^2 |f(u) - g(u)| du.$$

Afirmamos que $d' \prec d$; en efecto, basta notar que se satisface la condición de Lipschitz: dados $f, g \in M$ se tiene que

$$d'(f, g) = \int_0^2 |f(u) - g(u)| du \leq \int_0^2 \sup_{t\in[0,2]} \{|f(t) - g(t)|\} du = 2d(f, g).$$

Entonces, la inclusión $i : (M, d) \to (M, d')$ es continua probando la afirmación. Supongamos que $d \prec d'$. Entonces, para $f_0 \equiv 1$ en $[0, 2]$, la bola $B_d(f_0, 1)$ debe contener una bola en d', esto es, existe $r > 0$ tal que $B_{d'}(f_0, r) \subset B_d(f_0, 1)$. Por otro lado, la función $h : [0, 2] \to \mathbb{R}$ tal que

$$h_r(t) = \begin{cases} \frac{9}{2r}t + \frac{5}{2} - \frac{9}{2r}, & \text{si } t \in \left[1 - \frac{r}{3}, 1\right], \\ -\frac{9}{2r}t + \frac{5}{2} + \frac{9}{2r}, & \text{si } t \in \left[1, 1 + \frac{r}{3}\right], \\ 1, & \text{en otro caso.} \end{cases}$$

pertenece a $B_{d'}(f_0, r)$, puesto que $d'(h_r, f_0) = \frac{r}{2}$; pero $d(f_0, h_r) = \frac{3}{2}$ por lo cual $h_r \notin B_d(f_0, 1)$ lo cual sería absurdo. Así, estas dos métricas no son equivalentes.

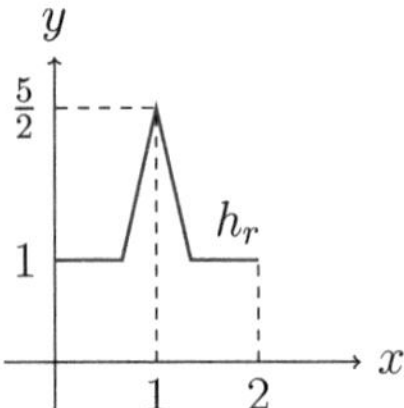

Es posible generalizar el ejemplo anterior y mostrar que todo espacio vectorial de dimensión infinita admite dos métricas no equivalentes. En particular sobre el espacio de polinomios reales $\mathcal{P}$ definidos en $[0, 1]$, la métrica del supremo y la métrica inducida por la norma del Teorema 3.1 no son equivalentes.

Ahora mostraremos que toda métrica puede ser equivalente a una métrica limitada (en el sentido que los valores de esta admiten una cota superior).

Ejemplo 7.7. Sea d una métrica en M limitada o no. La siguiente asignación $\widehat{d} : M \times M \to [0, +\infty)$ definida por

$$\widehat{d}(x, y) = \frac{d(x, y)}{1 + d(x, y)} \quad \text{para todo } x, y \in M,$$

es una métrica equivalente con d. En efecto; notemos inicialmente que para cualesquiera $x, y \in M$ se tiene $\widehat{d}(x, y) \leq 1$, es decir, $\widehat{d}$ es limitada. Como d es una métrica, para verificar que $\widehat{d}$ también sea una métrica basta probar que se verifique la desigualdad triangular. Sean $x, y, z \in M$; las desigualdades

$$\widehat{d}(x, y) = \frac{1}{1 + \dfrac{1}{d(x, y)}} \leq \frac{1}{1 + \dfrac{1}{d(x, z) + d(z, y)}} = \frac{d(x, z) + d(z, y)}{1 + d(x, z) + d(z, y)},$$

y

$$\widehat{d}(x,y) \leq \frac{d(x,z)}{1+d(x,z)+d(z,y)} + \frac{d(z,y)}{1+d(x,z)+d(z,y)} \leq \widehat{d}(x,z) + \widehat{d}(z,y),$$

permiten probar que $\widehat{d}$ es una métrica. A continuación, probaremos que estas métricas son equivalentes. Se sigue de la definición que, $\widehat{d}(x,y) \leq d(x,y)$ para todo $x, y \in M$ de este modo la inclusión $i : (M,d) \to (M,\widehat{d})$ satisface la condición de Lipschitz y por tanto $\widehat{d} \prec d$.

Finalmente, probaremos que $d \prec \widehat{d}$. Sea $\varepsilon > 0$, el lector puede verificar sin dificultad que para todo $a \in M$ la siguiente inclusión es cierta

$$B_{\widehat{d}}\left(a, \frac{\varepsilon}{1+\varepsilon}\right) \subset B_d(a,\varepsilon),$$

de donde se concluye que $d \prec \widehat{d}$; por consiguiente, $d \sim \widehat{d}$ con $\widehat{d}$ limitada.

Ejercicios

7.1 Dado un homeomorfismo $h : (M, d_M) \to (N, d_N)$, considere la aplicación $d^\star : M \times M \to \mathbb{R}$ tal que $d^\star(x,y) = d_N(h(x), h(y))$. Pruebe que $d^\star$ es una métrica en M y que además $d \sim d^\star$.

7.2 Sea (M,d) un espacio métrico y $h : \mathbb{R}_+ \to \mathbb{R}_+$ una función estrictamente creciente tal que $h(0) = 0$ y $h(u+v) \leq h(u) + h(v)$, entonces:

(a) $h \circ d$ es una métrica en M.

(b) Si h es continua en 0, entonces $d \sim h \circ d$.

7.3 Sea $M = [1, \infty)$ y considere las métricas

$$d_1(x,y) = |x-y| \qquad \text{y} \qquad d_2(x,y) = \left|\frac{1}{x} - \frac{1}{y}\right|.$$

Pruebe que d_1 y d_2 son equivalentes.

7.4 En $\mathbb{R}$ considere la aplicación

$$f(x) = \begin{cases} -x & \text{si } |x| < 1 \\ x & \text{otro caso,} \end{cases}$$

y las métricas

$$d_1(x,y) = |x-y| \qquad d_2(x,y) = d_1(f(x), f(y)),$$

muestre que $(\mathbb{R}, d_1) \simeq (\mathbb{R}, d_2)$, sin embargo d_1 no es equivalente a d_2.

---

8. Completitud

Muchas veces, al trabajar con secuencias estamos interesados en la convergencia de la sucesión, mas no en el punto donde la secuencia converja. Un ejemplo de ello puede verse en la siguiente equivalencia para la continuidad.

Proposición 8.1. *Una aplicación $f : M \to N$ es continua si y solo si dada una secuencia convergente $(x_n)_{n\in\mathbb{N}}$ en M, la secuencia de imágenes $(f(x_n))_{n\in\mathbb{N}}$ es convergente en N.*

Prueba. Basta probar la suficiencia desta nueva condición. Sean $(x_n)_{n\in\mathbb{N}}$ y $x \in M$ tales que $d(x_n, x) \to 0$. Consideremos una nueva secuencia $(w_k)_{k\in\mathbb{N}}$ en M con la siguiente propiedad: $w_{2k-1} = x$ y $w_{2k} = x_k$. Entonces $d(w_k, x) \to 0$, es decir $(w_k)_{k\in\mathbb{N}}$ es convergente; por tanto, $(f(w_k))_{k\in\mathbb{N}}$ es convergente. Esto implica la existencia de $y \in N$ tal que $d(f(w_k), y) \to 0$. Dado $\varepsilon > 0$ existe $N \in \mathbb{N}$ tal que $d(f(w_n), y) < \frac{\varepsilon}{2}$ para todo $n \geq N$; entonces, dado $k \geq N$ se tiene que $2k \geq \max\{N, N+1\}$ y por consiguiente

$$d(f(x_k), f(x)) = d(f(w_{2k}), f(w_{2k-1})) \leq d(f(w_{2k}), y) + d(y, f(w_{2k-1})) < \varepsilon.$$

Así podemos concluir que $d(f(x_k), f(x)) \to 0$ de donde f es continua. □

Por otro lado, la convergencia de una sucesión también depende del espacio. Tome por ejemplo la secuencia $x_n = \frac{1}{n}$ en $(0, +\infty)$, la cual no es convergente para cualquier métrica en $(0, +\infty)$ que proviene de una norma en $\mathbb{R}$; por tanto, notamos que no en todo espacio métrico una secuencia debe ser convergente. A pesar de ello, muchas secuencias no convergentes, como $x_n = \frac{1}{n}$ en $(0, +\infty)$ por ejemplo, satisfacen una condición más débil llamada condición de Cauchy.

Definición 8.2. *Una secuencia $(x_n)_{n\in\mathbb{N}}$ en M satisface la condición de Cauchy cuando para todo $\varepsilon > 0$ existe $N \in \mathbb{N}$ tal que $d(x_m, x_n) < \varepsilon$ para cada $m, n \geq N$. En este caso diremos que $(x_n)_{n\in\mathbb{N}}$ es de Cauchy en M o simplemente de Cauchy.*

Ejemplo 8.3. Pada cualquier métrica d en $\mathbb{R}$ que proviene de una norma, la secuencia $x_n = \frac{1}{n}$ es de Cauchy. En efecto, por el Ejemplo 1.4 se sigue que $d(x_n, x_m) = \beta|\frac{1}{n} - \frac{1}{m}|$ para todo $n, m \in \mathbb{N}$ y algún $\beta > 0$. Dado $\varepsilon > 0$, para $\varepsilon' = \varepsilon.2\beta^{-1} > 0$ existe $n_0 \in \mathbb{N}$ tal que $\frac{1}{n_0} < \varepsilon'$. Entonces para todo $n, m \geq n_0$, tenemos $d(x_n, x_m) \leq 2\beta\varepsilon' = \varepsilon$; lo cual prueba lo afirmado.

Ejemplo 8.4. Sea $\mathcal{C}_b([0,1], \mathbb{R})$ el conjunto de las funciones continuas con la métrica $d_1(f, g) = \int_0^1 |f(t) - g(t)|dt$. Consideremos la siguiente secuencia en $\mathcal{C}_b([0,1], \mathbb{R})$ definida como $f_1 \equiv f_2 \equiv 0$ y para $n \geq 3$, $f_n : [0,1] \to \mathbb{R}$ es tal que

$$f_n(t) = \begin{cases} 0 & \text{si } t \in \left[0, \frac{1}{2} - \frac{1}{n}\right], \\ nt + 1 - \dfrac{n}{2} & \text{si } t \in \left[\frac{1}{2} - \frac{1}{n}, \frac{1}{2}\right], \\ 1 & \text{otro caso.} \end{cases}$$

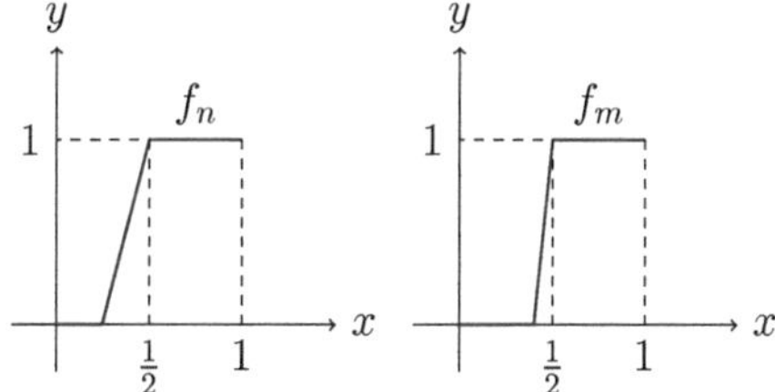

El lector puede verificar que para $m, n \geq 3$ se tiene

$$d_1(f_m, f_n) = \frac{1}{2}\left|\frac{1}{m} - \frac{1}{n}\right|,$$

por tanto, por el ejemplo anterior, la secuencia $(f_n)_{n\in\mathbb{N}}$ es de Cauchy en $\mathcal{C}_b([0,1], \mathbb{R})$.

Proposición 8.5. *Las siguientes propiedades están asociadas a la condición de Cauchy para una sucesión:*

(1) *Toda secuencia convergente es de Cauchy.*

(2) *Toda secuencia de Cauchy es limitada.*

Prueba. Probaremos solo la segunda propiedad, la otra queda como ejercicio para el lector. Sea $(x_n)_{n\in\mathbb{N}}$ una secuencia de Cauchy en M. Tomando $\varepsilon = 1$ existe $N \in \mathbb{N}$ tal que, en particular, para cada $m \geq N$ se tiene $d(x_m, x_N) < 1$. Haciendo $A = \max\{d(x_N, x_k) : k = 1, \cdots, N\}$ y dados $m, n \in \mathbb{N}$, obtenemos

$$d(x_m, x_n) \leq d(x_m, x_N) + d(x_N, x_n) \leq \max\{2A, A+1, 2\}.$$

Por tanto, el diámetro de la secuencia es finito y así esta es limitada. □

El recíproco de la propiedad 1 no es cierto en general, es decir, existen secuencias que satisfacen la condición de Cauchy, mas ellas no convergen. Ya dimos un ejemplo de ello: $x_n = \frac{1}{n}$ en $(0, +\infty)$. Otro quizá también interesante resulte al considerar la siguiente sucesión en el conjunto de los números racionales $\mathbb{Q}$:

$$z_n = \left(1 + \frac{1}{n}\right)^n,$$

sabemos que $d(z_n, e) \to 0$ en $\mathbb{R}$ donde e es la constante matemática usada como base de los logaritmos naturales (número irracional). Por el Ejercicio 8.2, tenemos que $(z_n)_{n\in\mathbb{N}}$ es de Cauchy en $\mathbb{Q}$; pero su límite, e, no es racional. También el recíproco de la propiedad 2 es falso. Basta considerar $(x_n)_{n\in\mathbb{N}}$ en $\mathbb{R}$ tal que $x_n = (-1)^n$ para cada $n \in \mathbb{N}$.

Otra propiedad interesante de las secuencias de Cauchy esta relacionada con las subsecuencias convergentes que estas posean. Previamente, trataremos la noción de subsecuencia de una sucesión en espacios métricos.

Definición 8.6. *Dada una sucesión $(x_n)_{n\in\mathbb{N}}$ en (M, d), una subsecuencia de esta es una nueva sucesión $(z_k)_{k\in\mathbb{N}}$ cuyos elementos satisfacen la siguiente propiedad:*

Existe una inyección $\rho : \mathbb{N} \to \mathbb{N}$ tal que $z_k = x_{\rho(k)}$ para todo $k \in \mathbb{N}$.

Ejemplo 8.7. Una sucesión puede tener subsucesiones de Cauchy sin ser ella de Cauchy. Tome, en $\mathbb{R}$, $x_n = (-1)^n$ para todo $n \in \mathbb{N}$. Si $\rho : \mathbb{N} \to \mathbb{N}$ es tal que $\rho(k) = 2k$, entonces $z_k = x_{2k} = 1$ es una subsecuencia de $(x_n)_{n\in\mathbb{N}}$ y además, es convergente dado que es constante y por ende de Cauchy; sin embargo $(x_n)_{n\in\mathbb{N}}$ no es de Cauchy puesto que $d(x_{n+1}, x_n) = 2$ para todo $n \in \mathbb{N}$.

El siguiente resultado es una suerte de recíproco al ejemplo anterior.

Proposición 8.8. *Si una secuencia de Cauchy admite una subsucesión convergente, entonces es convergente.*

Prueba. Sea $(x_n)_{n\in\mathbb{N}}$ una secuencia de Cauchy en M. Dado $\varepsilon > 0$, existe $N \in \mathbb{N}$ tal que para cada $n, m \geq N$ se tiene $d(x_m, x_n) < \frac{\varepsilon}{2}$. Sea también $(z_k)_{k\in\mathbb{N}}$ una subsecuencia convergente $z_k = x_{\rho(k)}$, es decir, existe $a \in M$ y $N_1 \in \mathbb{N}$ tal que $d(x_{\rho(k)}, a) < \frac{\varepsilon}{2}$ para todo $k \geq N_1$. Sin pérdida de generalidad podemos asumir que $N_1 \geq N$. Entonces, para $k \geq N_1$ se tiene $\rho(k) \geq \rho(N_1) \geq N_1 \geq N$ (ver Ejercicio 8.3); por tanto, para $m \geq N$ se verifica que

$$d(x_m, a) \leq d(x_m, x_{\rho(k)}) + d(x_{\rho(k)}, a) < \varepsilon.$$

Lo cual prueba la convergencia de la secuencia $(x_n)_{n\in\mathbb{N}}$ en M. □

Definición 8.9. *Caracterizaremos aquellos espacios (M, d) donde toda secuencia de Cauchy en M sea convergente en M denominándolos: Espacios Completos.*

Ejemplo 8.10. Dado que las secuencias de Cauchy en un espacio M con la métrica discreta son aquellas que son constantes a partir de un índice fijo y por tanto convergentes, entonces M con la métrica discreta es completo.

Ejemplo 8.11. El conjunto de los números reales $(\mathbb{R}, d)$ es completo para cualquier métrica proveniente de una norma en $\mathbb{R}$; en efecto, sin pérdida de generalidad podemos asumir que $d(x,y) = |x-y|$. Sea $(x_n)_{n\in\mathbb{N}}$ una secuencia de Cauchy en M, por la Proposición 8.5, esta sucesión es limitada. Del Ejercicio 8.5, existe una subsecuencia de $(x_n)_{n\in\mathbb{N}}$ que converge; entonces, $(x_n)_{n\in\mathbb{N}}$ es convergente por la Proposición 8.8.

Teorema 8.12. *Sean (M, d) un espacio métrico completo y X un conjunto no vacío. El espacio métrico de las funciones limitadas $\mathcal{B}(X, M)$, con la métrica del supremo, es completo.*

Prueba. Consideremos una secuencia de Cauchy $(f_n)_{n\in\mathbb{N}}$ en $\mathcal{B}(X, M)$. Dado $\varepsilon > 0$, existe $N \in \mathbb{N}$ tal que

$$d(f_m(x), f_n(x)) \leq d(f_m, f_n) < \frac{\varepsilon}{2},$$

para cada $x \in X$ y todo $m, n \geq N$. Fijando $x \in X$, la desigualdad anterior muestra que la secuencia $(f_n(x))_{n\in\mathbb{N}}$ es de Cauchy en M, luego por la completitud, existe $a_x \in M$ tal que $d(f_n(x), a_x) \to 0$. Lo cual permite definir una aplicación $f : X \to M$ tal que $f(x) = a_x$. Por otro lado, dado $x \in X$, existe $n_x \geq N$ tal que $d(f_{n_x}(x), a_x) < \frac{\varepsilon}{2}$; por consiguiente, para $m \geq N$

$$d(f(x), f_m(x)) \leq d(a_x, f_{n_x}) + d(f_{n_x}(x), f_m(x)) < \varepsilon,$$

de donde $d(f, f_m) < \varepsilon$ para cada $m \geq N$. Finalmente, veamos que f es limitada. Dados $z, w \in X$ se tiene que

$$d(f(w), f(z)) \leq d(f(w), f_N(w)) + d(f_N(w), f_N(z)) + d(f_N(z), f(z)),$$

y desde que f_N es limitada se cumple que $diam(f(X)) \leq 2\varepsilon + diam(f_N(X))$, lo cual muestra que la secuencia $(f_n)_{n\in\mathbb{N}}$ es convergente en $\mathcal{B}(X, M)$. □

Del Teorema anterior y usando el hecho que bajo la métrica del supremo una secuencia de funciones continuas converge a otra función continua, ver Teorema 4.8, podemos concluir que $C_b([0,1], \mathbb{R})$ es completo con la métrica del supremo, pero si cambiamos de métrica podemos perder esta propiedad.

Ejemplo 8.13. Si dotamos al conjunto $C_b([0,1],\mathbb{R})$ con la métrica

$$d_1(f,g) = \int_0^1 |f(t) - g(t)|dt,$$

entonces perdemos la completitud. En efecto, consideremos la secuencia $f_n : [0,1] \to \mathbb{R}$ (ver Ejemplo 8.4):

$$f_n(t) = \begin{cases} 0 & \text{si } t \in \left[0, \frac{1}{2} - \frac{1}{n}\right] \\ nt + 1 - \dfrac{n}{2} & \text{si } t \in \left[\frac{1}{2} - \frac{1}{n}, \frac{1}{2}\right] \\ 1 & \text{otro caso.} \end{cases}$$

Sabemos que $(f_n)_{n\in\mathbb{N}}$ es de Cauchy. Supongamos que existe $g \in C_b([0,1],\mathbb{R})$ tal que $d_1(f_n, g) \to 0$. Entonces

$$\int_{\frac{1}{2}}^{1} |f_n(t) - g(t)|dt = \int_{\frac{1}{2}}^{1} |1 - g(t)|dt \leq d_1(f_n, g) \to 0,$$

de donde $g = 1$ en $[\frac{1}{2}, 1]$. De la continuidad de g en $\frac{1}{2}$, existe $\delta > 0$ tal que $g(u) > 0$ para todo $u \in [\frac{1}{2} - \delta, \frac{1}{2}]$. Sea $n_0 \in \mathbb{N}$ tal que $\frac{1}{n_0} < \delta$, entonces

$$\int_{\frac{1}{2}-\delta}^{\frac{1}{2}-\frac{1}{n_0}} |f_n(t) - g(t)|dt = \int_{\frac{1}{2}-\delta}^{\frac{1}{2}-\frac{1}{n_0}} |g(t)|dt \leq d_1(f_n, g) \to 0,$$

de donde $g = 0$ en $[\frac{1}{2} - \delta, \frac{1}{2} - \frac{1}{n_0}]$, lo cual es absurdo.

Ahora estudiaremos un importante resultado conocido como *Teorema de punto fijo de Banach* que nos muestra que una de las condiciones suficientes para la existencia de *puntos fijos* de una aplicación, es la completitud del espacio ambiente.

Definición 8.14. *Dada una aplicación $T : M \to M$ sobre un espacio métrico (M, d), un punto $x \in M$ se denomina punto fijo de T si $T(x) = x$. El conjunto de puntos fijos será denotado por $Fix(T)$.*

Asegurar la existencia de los puntos fijos es de gran interés en muchas áreas como análisis numérico, optimización y sistemas dinámicos. Por lo cual se buscan condiciones que nos garanticen su existencia para posteriormente, siempre que sea posible, implementar métodos recursivos para hallarlos.

En adelante, nos encofaremos en las aplicaciones lipschitzinas. Notemos que, en general, estas pueden no admitir puntos fijos.

Ejemplo 8.15. Para la aplicación identidad en M, $T = I_M$, se tiene $Fix(T) = M$. Sin embargo si $T : \mathbb{R} \to \mathbb{R}$ es tal que $T(t) = t + \frac{\pi}{2} - \arctan(t)$ para cada $t \in \mathbb{R}$, entonces T es lipschitziana con $Lip(T) \leq 2$ y $Fix(T) = \emptyset$. En efecto; basta notar que dados $t, s \in \mathbb{R}$ por el Teorema del valor intermedio del cálculo, existe r entre t y s tal que

$$\begin{aligned} |T(t) - T(s)| &= |T'(r)||t - s| \\ &\leq |t - s| + \frac{1}{1 + r^2}|t - s| \\ &\leq 2|t - s|. \end{aligned}$$

En adelante consideraremos la siguiente notación para los *iterados* de T

$$T^0 = I_M,$$

$$T^1 = T,$$

$$T^2 = T \circ T,$$

y para cada $n \in \mathbb{N}$,

$$T^n = T^{n-1} \circ T.$$

Una aplicación Lipschitziana es una *contracción* si $Lip(T) \in (0, 1)$.

Teorema 8.16. *Sea $T : M \to M$ una contracción. Si (M, d) es completo, entonces T admite un único punto fijo atractor, es decir, $Fix(T) = \{z\}$ y para cada $x \in M$ se tiene que $d(T^n(x), z) \to 0$ cuando $n \to +\infty$.*

Prueba. Sea $x \in M$. Definamos una secuencia $(x_n)_{n \in \mathbb{N}}$ en M tal que $x_1 = x$ y $x_{n+1} = T(x_n)$ para cada $n \in \mathbb{N}$. Podemos ver que secuencia es de Cauchy, ya que para cualquier n se tiene que

$$d(x_n, x_{n+1}) = d(T^{n-1}(x_1), T^{n-1}(x_2)) \leq Lip(T)^{n-1} d(x_1, x_2),$$

y así, para cualesquier $m, n \in \mathbb{N}$, con $m > n$, obtenemos

$$\begin{aligned} d(x_n, x_m) \leq \sum_{k=n}^{m-1} d(x_k, x_{k+1}) &\leq \sum_{k=n}^{m-1} Lip(T)^{k-1} d(x_1, x_2), \\ &\leq \frac{Lip(T)^{n-1}}{1 - Lip(T)} d(x_1, x_2), \end{aligned}$$

y usando que $Lip(T) \in (0, 1)$, obtenemos que (x_n) es de Cauchy en M.

Por la hipótesis de completitud sobre M, existe $z \in M$ tal que $d(x_n, z) \to 0$. A continuación, mostraremos que $z \in Fix(T)$. Por el Ejemplo 3.4, sabemos también que $d(x_{n+1}, z) \to 0$. Entonces, para cada $n \in \mathbb{N}$

$$d(z, T(z)) \leq d(z, x_{n+1}) + d(T(x_n), T(z)) \leq d(z, x_{n+1}) + Lip(T)d(x_n, z).$$

Haciendo $n \to +\infty$, obtenemos que $d(z, T(z)) = 0$, es decir, z es punto fijo de T.

Veamos la unicidad de z. Supongamos exista otro punto fijo $w \in M$ de T con $\overline{x} \neq w$ entonces

$$d(z, w) = d(T(z), T(w)) \leq Lip(T)d(z, w),$$

de donde

$$(1 - Lip(T))d(z, w) \leq 0.$$

Por consiguiente, $d(z, w) = 0$, esto es, $w = z$. Luego $Fix(T) = \{z\}$. Notemos que este punto fijo es atractor, puesto que al ser único podemos generar la secuencia de iterados $T^n(z)$ partiendo de cualquier $z \in M$ y llegaremos nuevamente a z. □

Ejemplo 8.17. Sea $T : M \to M$ donde $M = \mathcal{C}_b([0, 1/2], \mathbb{R})$ y tal que para todo $x \in M$, su imagen $T(x)$ satisface la siguiente propiedad

$$(T(x))(t) = t(x(t) + 1) \quad \text{para cada } t \in [0, 1/2].$$

Notemos que T es una contracción. En efecto; sean $x, y \in M$

$$\begin{aligned} d(T(x), T(y)) &= \sup_{t\in[0,1/2]} |(T(x))(t) - (T(y))(t)| \\ &= \sup_{t\in[0,1/2]} |t| \cdot |x(t) - y(t)| \\ &\leq \frac{1}{2}\left\{\sup_{t\in[0,1/2]} |x(t) - y(t)|\right\} \\ &= \frac{1}{2} d(x, y). \end{aligned}$$

Luego dado que M es completo, usando el Teorema 8.16 existe un único punto fijo atractor global. Por tanto, si $x(t) = \sin(t\pi)$ entonces los iterados $T^n(x)$ tienden a $z \in M$ tal que

$$z(t) = (T(z))(t),$$

de donde z es solución de la ecuación

$$z(t) = tz(t) + t.$$

En este caso

$$z(t) = \frac{t}{1 - t}.$$

Es importante resaltar que el recíproco de este Teorema no es cierto, basta considerar $M = \{(t, \sin(1/t)) : t \in (0,1]\}$ el cual no es completo con la métrica inducida por $(\mathbb{R}^2, d_p)$; pero toda contracción sobre M admite punto fijo. Sin embargo, es posible obtener una caracterización de la completitud a través de la existencia de puntos fijos.

Teorema 8.18. *Un espacio métrico (M,d) es completo si y solo si toda contracción $T : C \to C$, donde C es un subconjunto no vacío y cerrado de M, admite punto fijo.*

Prueba. Por el Teorema del punto fijo de Banach, es suficiente probar que si toda contracción $T : C \to C$, donde C es un subconjunto no vacío y cerrado de M, admite punto fijo, entonces M es completo. Vamos a proceder por el absurdo, supongamos que exista en M una secuencia $(x_n)_{n\in\mathbb{N}}$ de Cauchy que no es convergente. Luego, por la Proposición 8.8, $(x_n)_{n\in\mathbb{N}}$ no posee subsecuencias convergentes. Sin pérdida de generalidad podemos asumir que los elementos de esta secuencia son todos diferentes. Dado $x \in M$, consideremos $h(x) = \inf\{d(x, x_n) : x \neq x_n, n \in \mathbb{N}\}$ y notemos que $h(x) > 0$, ya que x no es punto límite de $(x_n)_{n\in\mathbb{N}}$. Definamos una inyección $\rho : \mathbb{N} \to \mathbb{N}$ inductivamente: $\rho(1) = 1$ y para cada $k > 1$, si $\rho(k-1)$ está definido, considere $\rho(k) \in \mathbb{N}$ tal que $\rho(k) > \rho(k-1)$ y que para cualesquier $i, j \geq \rho(k)$ se verifique $d(x_i, x_j) \leq \frac{1}{2}h(x_{\rho(k-1)})$. Por tanto, la subsecuencia $(x_{\rho(k)})_{n\in\mathbb{N}}$ tiene elementos diferentes y no posee subsecuencias convergentes, así, el subconjunto de valores $C = \{x_{\rho(k)} : k \in \mathbb{N}\}$ es cerrado. Luego la aplicación $T : C \to C$ tal que $T(x_{\rho(k)}) = x_{\rho(k+1)}$ satisface, para $m > n$, que

$$d(T(x_{\rho(m)}), T(x_{\rho(n)})) = d(x_{\rho(m+1)}, x_{\rho(n+1)}) \leq \frac{1}{2}h(x_{\rho(n)}) \leq \frac{1}{2}d(x_{\rho(n)}, x_{\rho(m)}),$$

de donde T es una contracción, pero no tiene puntos fijos. Lo cual es absurdo. □

El Teorema del punto fijo de Banach (TPFB) admite múltiples generalizaciones, una de ellas es la siguiente

Teorema 8.19. *Sea $T : (M,d) \to (M,d)$ una apliación continua tal que T^p es una contracción para algún $p \in \mathbb{N}$. Si (M,d) es completo, entonces existe un único punto fijo atractor de T.*

Ejemplo 8.20. Sea $T : M \to M$ donde $M = \mathcal{C}_b([0,\pi/2], \mathbb{R})$ y para cada $x \in M$,

$$(T(x))(t) = \int_0^t (x(u) + u)\sin(u)du \quad \text{para todo } t \in [0, \pi/2].$$

Notemos que la buena definición de T está garantizada por el Primer Teorema Fundamental del Cálculo. Afirmamos que así definida, T no es una contracción. En efecto; sean $x(t) = -t$ e $y(t) = 1 - t$ para $t \in [0, \pi/2]$. Entonces

$$\begin{aligned} d(T(x), T(y)) &= \sup_{t \in [0,\pi/2]} |(T(x))(t) - (T(y))(t)| \\ &= \sup_{t \in [0,\pi/2]} \left| \int_0^t \sin(u) du \right| \\ &= \sup_{t \in [0,\pi/2]} |1 - cos(t)| \\ &= 1 \\ &= d(x, y). \end{aligned}$$

En general, dados $x, y \in M$

$$\begin{aligned} (T(x))(t) - (T(y))(t) &= \int_0^t (x(u) - y(u)) \sin(u) du \\ &\leq \int_0^t |x(u) - y(u)| du \\ &\leq td(x, y), \end{aligned}$$

Se sigue que

$$d(T(x), T(y)) \leq \frac{\pi}{2} d(x, y).$$

Por lo que a pesar que T es Lipschitziana no es una contracción, por tanto, a fin de obtener una aplicación del resultado anterior, repetiremos el proceso para el segundo iterado de T

$$\begin{aligned} (T^2(x))(t) - (T^2(y))(t) &\leq \int_0^t |T(x)(u) - T(y)(u)| du \\ &\leq \int_0^t u d(x, y) du \\ &\leq \frac{t^2}{2} d(x, y). \end{aligned}$$

Luego

$$d(T^2(x), T^2(y)) \leq \frac{1}{2} \left(\frac{\pi}{2}\right)^2 d(x, y).$$

Análogamente, para el tercer iterado obtenemos

$$d(T^3(x), T^3(y)) \leq \frac{1}{6} \left(\frac{\pi}{2}\right)^3 d(x, y),$$

de donde T^3 es una contracción y por el Teorema 8.19 los iterados de todo punto del espacio convergen al punto fijo z que es la única solución de la ecuación integral

$$z(t) = \int_0^t (z(u) + u)\sin(u)du.$$

Finalizamos esta sección con el criterio de *Kannan* para la obtención de puntos fijos actractores. El cual es un criterio que ha inspirado una rama en la Teoría del punto fijo dedicada a extender los resultados sobre aplicaciones tipo contractivas como en el TPFB.

Previamente, como una motivación, notemos que si $T : M \to M$ es una contracción, entonces para cada $x, y \in M$ se verifica

$$d(T(x), T(y)) \leq \frac{1}{1 - Lip(T)} \cdot \{d(x, T(x)) + d(y, T(y))\},$$

donde $(1 - Lip(T))^{-1} > 1$. Así, la siguiente noción pretende extender esta propiedad.

Definición 8.21. *Sea (M, d) un espacio métrico. Una aplicación $T : M \to M$ se dice que es de tipo Kannan si existe un $\lambda \in [0, 1/2)$ tal que*

$$d(T(x), T(y)) \leq \lambda \cdot \{d(x, T(x)) + d(y, T(y))\}, \tag{3}$$

para cada $x, y \in M$.

Es importante resaltar que estas aplicaciones no necesariamente son continuas con lo que los resultados a seguir son de caracter general.

Ejemplo 8.22. Considerando en $[0, 1]$ la métrica usual $d(x, y) = |x - y|$, la aplicación $T : [0, 1] \to [0, 1]$ tal que

$$T(x) = \begin{cases} 1 - \dfrac{x}{2} & \text{si } 0 \leq x < 1/2 \\ \dfrac{x+2}{4} & \text{otro caso,} \end{cases}$$

es de tipo Kannan. En efecto; sean $x, y \in [0, 1]$. Supongamos que $x \in [0, 1/2)$ y $y \in [1/2, 1]$ entonces $d(T(x), T(y)) = |T(x) - T(y)| = |1 - \frac{x}{2} - \frac{y+2}{4}|$. Además, $d(x, T(x)) = |\frac{3x}{2} - 1|$ y $d(y, T(y)) = |\frac{3y-2}{4}|$. Por lo tanto

$$d(T(x), T(y)) = \frac{1}{4}|2 - 2x - y| \leq \frac{1}{3}\left|\frac{3}{2}x - 1\right| + \frac{1}{3}\left|\frac{3y - 2}{4}\right| = \frac{d(x, T(x)) + d(y, T(y))}{3},$$

de donde se verifica la propiedad (3). El resto de casos son dejados al lector.

Lema 8.23. *Sea (M,d) un espacio métrico completo y sea $T : M \to M$ una aplicación tal que $d(T(x),T(y)) \leq \lambda \cdot \{d(x,T(x)) + d(y,T(y))\}$, donde $\lambda \in (0,1)$ y existen $0 \leq \alpha < 1$ y $\beta > 0$ tales que para cada $x \in M$ existe $u \in M$ que satisface*

$$d(T(u),u) \leq \alpha d(T(x),x) \quad y \quad d(u,x) \leq \beta d(T(x),x),$$

entonces $Fix(T) \neq \emptyset$.

Prueba. Sea $x_1 \in M$. Por la hipótesis, existe $x_2 \in M$ tal que

$$d(T(x_2),x_2) \leq \alpha d(T(x_1),x_1) \text{ y } d(x_2,x_1) \leq \beta d(T(x_1),x_1),$$

así, usando recursivamente la hipótesis, obtenemos la secuencia $\{x_n\}_{n\in\mathbb{N}} \subset M$ que satisface $d(T(x_{n+1}),x_{n+1}) \leq \alpha d(T(x_n),x_n)$ y $d(x_{n+1},x_n) \leq \beta d(T(x_n),x_n)$. Note que si $N = d(T(x_1),x_1)$, entonces $d(x_3,x_2) \leq \beta\alpha N$, $d(x_4,x_3) \leq \beta\alpha^2 N$ y así, $d(x_{n+1},x_n) \leq \beta\alpha^{n-1}N$. Luego $\{x_n\}_{n\in\mathbb{N}}$ es de Cauchy, y por tanto, convergente en M. Si $x \in M$ es tal que $d(x_n,x) \to 0$, entonces obtenemos

$$\begin{aligned} d(T(x),x) &\leq d(T(x),T(x_n)) + d(T(x_n),x_n) + d(x_n,x), \\ &\leq \lambda \cdot [d(x,T(x)) + d(x_n,T(x_n))] + d(T(x_n),x_n) + d(x_n,x), \end{aligned}$$

de donde

$$\begin{aligned} d(T(x),x) &\leq \frac{\lambda+1}{1-\lambda} d(T(x_n),x_n) + \frac{1}{1-\lambda} d(x_n,x), \\ &\leq \frac{\lambda+1}{1-\lambda} \alpha^{n-1} N + d(x_n,x), \end{aligned}$$

Haciendo $n \to +\infty$, obtenemos $d(T(x),x) = 0$, es decir, $x \in Fix(T)$. □

Recordemos que x_0 es un punto fijo atractor de $T : M \to M$ si $x_0 \in Fix(T)$ y para cada $x \in M$ se tiene que $d(T^n(x),x_0) \to 0$ cuando $n \to +\infty$.

Teorema 8.24. *Sea (M,d) un espacio métrico completo y sea $T : M \to M$ una aplicación de tipo Kannan, entonces T admite un único punto fijo atractor.*

Prueba. Supongamos sea $\lambda \in [0,1/2)$ la constante de la propiedad de Kannan de T. Dado $x \in M$ y sea $u = T(x)$. Entonces

$$d(u,T(u)) = d(T(x),T(u)) \leq \lambda \cdot [d(x,T(x)) + d(u,T(u))],$$

por tanto $d(u,T(u)) \leq \frac{\lambda}{1-\lambda} d(x,T(x))$ donde $\frac{\lambda}{1-\lambda} < 1$ y además $d(u,x) = d(T(x),x)$. Luego haciendo $\alpha = \frac{\lambda}{1-\lambda}$ y $\beta = 1$, obtenemos las condiciones del Lema 8.23, entonces existe un x_0 en $Fix(T)$. Notemos que este x_0 es atractor, ya que siguiendo la prueba del Lema, x_0 es el límite de la secuencia $x_{n+1} = T(x_n)$ para cada $n \in \mathbb{N}$. Resta probar la unicidad. Supongamos exista $z \in Fix(T)$ tal que $z \neq x_0$. Entonces

$$0 < d(x_0, z) = d(T(x_0), T(z)) \leq \lambda[d(x_0, T(x_0)) + d(z, T(z))] = 0,$$

lo cual es una contradicción. Luego $Fix(T) = \{x_0\}$. □

Este resultado es conocido como el *Teorema del punto fijo de Kannan.* Notemos que es posible obtener un control de la convergencia hacia este único punto fijo de Kannan. Dados $x \in M$ y $n \in \mathbb{N}$,

$$d(T^{n+1}(x), T^n(x)) \leq \lambda \cdot [d(T^n(x), T^{n+1}(x)) + d(T^{n-1}(x), T^n(x))],$$

por tanto $d(T^{n+1}(x), T^n(x)) \leq \frac{\lambda}{1-\lambda} d(T^{n-1}(x), T^n(x))$, de donde

$$d(T^{n+1}(x), T^n(x)) \leq \left(\frac{\lambda}{1-\lambda}\right)^n d(T(x), x).$$

En consecuencia, para cada $x \in M$ y $n \in \mathbb{N}$ se verifica

$$d(T^{n+1}(x), x_0) \leq \lambda[d(T^n(x), T^{n+1}(x)) + d(x_0, T(x_0))] = \lambda \left(\frac{\lambda}{1-\lambda}\right)^n \cdot d(T(x), x).$$

Por otro lado, es posible perder la existencia de puntos fijos si la constante de Kannan no es menor que $1/2$. Por ejemplo, si $\mathbb{R}$ es dotado con la métrica discreta. La aplicación $T : \mathbb{R} \to \mathbb{R}$ tal que $T(x) = x + 1$ no tiene puntos fijos y satisface la condición de Kannan para $\lambda = 1/2$.

Ejercicios

8.1 Demuestre que $C_b([0,1], \mathbb{R})$ es completo.

8.2 Pruebe que toda secuencia $(x_n)_{n \in \mathbb{N}}$ convergente en (M, d) es de Cauchy. Concluya que si $d(x_k, x) \to 0$ y $N = \{x_k : k \in \mathbb{N}\} \setminus \{x\}$, con la métrica dada por la restricción de d a N, entonces $(x_n)_{n \in \mathbb{N}}$ es de Cauchy en N.

8.3 Sea $\rho : \mathbb{N} \to \mathbb{N}$ una aplicación inyectiva. Pruebe que $\rho(k) \geq k$ para todo $k \in \mathbb{N}$.

8.4 Pruebe que una secuencia en un espacio métrico es convergente si y solo si toda subsecuencia es convergente y converge a un mismo elemento del espacio.

8.5 Sea $(x_n)_{n\in\mathbb{N}}$ una secuencia limitada en $\mathbb{R}$ con la métrica usual. Si consideramos la secuencia $a_n = \sup\{x_k : k \geq n\}$, pruebe que esta es decreciente y convergente hacia un número $a \in \mathbb{R}$. Dicho número se denomina Límite Superior de la secuencia y se denota como $\limsup_{n\to\infty} x_n$. Concluya que existe una subsecuencia de $(x_n)_{n\in\mathbb{N}}$ que converge hacia a.

8.6 Pruebe que $(\mathbb{R}^m, d_p)$ es completo.

8.7 Demuestre el Teorema 8.19.

9. Acotación Total

Ahora veremos una propiedad interesante de los espacios métricos relacionada con la existencia de subsecuencias de Cauchy; para ello debemos entender la noción de conjunto ε-generador.

Definición 9.1. *Dado un espacio métrico (M, d) y $\varepsilon > 0$, un subconjunto $F \subset M$ se dice ε-generador cuando se satisface la siguiente igualdad*

$$M = \bigcup_{x\in F} B(x, \varepsilon).$$

Trivialmente, M es un ε-generador de M para cualquier $\varepsilon > 0$. De ahí que los conjuntos ε-generadores relevantes sean subconjuntos propios.

Definición 9.2. *Decimos que (M, d) es totalmente acotado si para todo $\varepsilon > 0$ es posible encontrar un ε-generador finito.*

Resulta de la definición que todo subconjunto de un totalmente acotado es totalmente acotado y que todo conjunto totalmente acotado es limitado; lo recíproco en general no es cierto.

Ejemplo 9.3. Un espacio métrico limitado puede no ser totalmente limitado. Un ejemplo de ello son los reales $\mathbb{R}$ con la métrica $d(x, y) = \min\{|x - y|, 1\}$; en efecto, todo subconjunto en esta métrica es limitado, en particular los enteros $\mathbb{Z}$, pero tomando $\varepsilon = \frac{1}{2}$ las bolas $B_d(k, \varepsilon)$ coinciden con las de la métrica usual, por lo cual $\mathbb{Z} \cap B_d(k, \varepsilon) = \{k\}$; por consiguiente, no es posible encontrar un ε-generador finito para $\mathbb{Z}$.

Proposición 9.4. *Un espacio métrico es totalmente acotado si y solo si toda secuencia admite una subsecuencia de Cauchy.*

Prueba. Supongamos que (M, d) no es totalmente acotado. Entonces, existe un $\varepsilon > 0$ tal que todo conjunto finito de puntos no es un ε-generador. Sea $x \in M$, entonces $B(x_1; \varepsilon) \subsetneqq M$ donde $x_1 = x$, así existe $x_2 \notin B(x_1; \varepsilon)$, esto es, $d(x_1, x_2) \geq \varepsilon$. También $B(x_1; \varepsilon) \cup B(x_2; \varepsilon) \subsetneqq M$ y nuevamente existe x_3 tal que $d(x_3, x_2) \geq \varepsilon$ y $d(x_3, x_1) \geq \varepsilon$. Siguiendo de este modo podemos encontrar una secuencia $(x_k)_{k \in \mathbb{N}}$ que no es de Cauchy dado que al tomar dos términos x_n y x_m con $m > n$ se tiene que

$$x_m \notin \bigcup_{k=1}^{m-1} B(x_k; \varepsilon),$$

y en particular, $x_m \notin B(x_n; \varepsilon)$, de donde $d(x_m, x_n) \geq \varepsilon$; lo mismo si $n > m$. Por tanto dos términos están a una distancia de por lo menos ε, por lo cual no es posible obtener una secuencia de Cauchy de esta sucesión. Recíprocamente, sea $(x_k)_{k \in \mathbb{N}}$ una secuencia en M y sea F_1 un 1-generador de M. Existe $z_1 \in F_1$ tal que $B(z_1, 1)$ contiene infinitos términos de la secuencia, por tanto, podemos tomar una subsecuencia $(x_{\rho^{(1)}(k)})_{k \in \mathbb{N}}$ en $B(z_1, 1)$. También sabemos que $B(z_1, 1)$ es totalmente acotado, por tanto, existe F_2 un $\frac{1}{2}$-generador de $B(z_1, 1)$ y podemos hallar un $z_2 \in F_2$ tal que la bola $B(z_2, \frac{1}{2})$ contenga infinitos términos de $(x_{\rho^{(1)}(k)})_{k \in \mathbb{N}}$ lo que nos permite extraer una nueva subsecuencia $(x_{\rho^{(2)}(k)})_{k \in \mathbb{N}}$ que esté contenida en $B(z_2, \frac{1}{2})$. Procediendo de esta manera obtenemos una secuencia $(z_j)_{j \in \mathbb{N}}$ y una familia de subsecuencias de $(x_k)_{k \in \mathbb{N}}$ tales que $(x_{\rho^{(j)}(k)})_{k \in \mathbb{N}}$ sea subsecuencia de $(x_{\rho^{(j-1)}(k)})_{k \in \mathbb{N}}$ y esté contenida en $B(z_j, \frac{1}{j})$ para todo $j \in \mathbb{N}$. Finalmente, tome la siguiente subsecuencia $(x_{\rho^{(i)}(i)})_{i \in \mathbb{N}}$ y tome $m, n \geq N$. Note que tanto $x_{\rho^{(m)}(m)}$ como $x_{\rho^{(n)}(n)}$ son elementos de la secuencia $(x_{\rho^{(N)}(k)})_{k \in \mathbb{N}}$, la cual está contenida en $B(z_N, \frac{1}{N})$, por lo tanto

$$d(x_{\rho^{(m)}(m)}, x_{\rho^{(n)}(n)}) \leq \frac{2}{N},$$

de donde podemos concluir que $(x_{\rho^{(i)}(i)})_{i \in \mathbb{N}}$ es de Cauchy. □

Ejercicios

9.1 Sea $l_\infty(\mathbb{R}) = (\mathcal{B}(\mathbb{N}, \mathbb{R}), d)$ donde d es la métrica del supremo. Si denotamos por 0 a la sucesión constante igual a cero, pruebe que el conjunto $\{z \in l_\infty(\mathbb{R}) : d(z, 0) \leq 1\}$ no es totalmente acotado.

9.2 Exhiba en $\mathcal{C}_b([0,1], \mathbb{R})$ ejemplos de subconjuntos totalmente acotados pero no completos.

10. Conjuntos Abiertos, Cerrados y Densos

Mencionaremos brevemente algunas nociones de Topología que, al ser definidas en un espacio métrico, nos permitirán dilucidar el tratamiento de las funciones continuas que hemos tomado.

Definición 10.1. *Dado un espacio métrico (M, d), un subconjunto $U \subset M$ se dice abierto en M si satisface la siguiente propiedad: para todo punto $a \in U$, existe un $\varepsilon > 0$ tal que $B_d(a, \varepsilon) \subset U$. Por otro lado, un subconjunto $F \subset M$ se dice cerrado en M si $M \setminus F$ es abierto.*

Dado un elemento $a \in M$ y un real $r > 0$, análogamente a lo desarrollado en la sección de Equivalencia de Métricas donde definimos la bola abierta $B_d(a, r)$, denominaremos *bola cerrada* de centro en a y radio r, al conjunto dado por

$$B_d[a, r] = \{z \in M : d(z, a) \leq r\}.$$

Ejemplo 10.2. En cualquier espacio métrico (M, d) las bolas $B_d(a, r)$ y $B_d[a, r]$ son subconjuntos abiertos y cerrados de M respectivamente. En efecto; probemos la segunda afirmación. Dado $z \in M \setminus B_d[a, r]$, entonces $d(a, z) > r$. Sea $w \in B_d(z, \varepsilon)$ donde $\varepsilon = d(a, z) - r > 0$. Luego usando la desigualdad triangular obtenemos

$$d(a, z) \leq d(a, w) + d(w, z) < d(a, w) + \varepsilon,$$

de donde $r = d(a, z) - \varepsilon < d(a, w)$, por lo cual $w \notin B_d[a, r]$; es decir, $B_d(w, \varepsilon) \subset M \setminus B_d[a, r]$.

Ejemplo 10.3. Todo conjunto finito $\{x_1, \cdots, x_k\}$ en M es un subconjunto cerrado de M.

Ejemplo 10.4. Dados $1 \leq p < \infty$ y $a > 0$, si consideramos el subconjunto de $l_p(\mathbb{R})$ dado por $M = \{(x_n)_{n\in\mathbb{N}} \in l_p(\mathbb{R}) : |x_n| < a, \text{ para cada } n \in \mathbb{N}\}$, entonces M es abierto en $l_p(\mathbb{R})$. En efecto; sea $z \in M$, existe $k \in \mathbb{N}$ tal que $\sum_{i=k+1}^{\infty} |z_n| < \frac{a}{2}$. Tome $\varepsilon > 0$ con la siguiente propiedad

$$\varepsilon < \min\left\{\frac{a}{2}, a - |z_1|, a - |z_2|, \cdots, a - |z_k|\right\}.$$

Así, resta probar que $B(z, \varepsilon) \subset M$. Sea $w \in B(z, \varepsilon)$, entonces $\|w - z\|_p < \varepsilon$ y usando la desigualdad triangular para cada $n \in \mathbb{N}$, tenemos

$$|w_n| \leq |w_n - z_n| + |z_n| < \varepsilon + |z_n|,$$

Luego $|w_n| < \varepsilon + |z_n|$, para todo $n \in \mathbb{N}$. Note que si $1 \leq n \leq k$ se tiene $\varepsilon + |z_n| = a$, de esto se sigue que $|w_n| < a$ como deseamos. Para $k+1 \leq n$, se obtiene también que

$$|w_n| < \varepsilon + |z_n| \leq \frac{a}{2} + \sum_{i=k+1}^{\infty} |z_n| < \frac{a}{2} + \frac{a}{2} = a.$$

Ejemplo 10.5. El conjunto $\mathcal{P}$ de polinomios reales definidos en $[-1,1]$ no es abierto ni cerrado en $\mathcal{C}_b([-1,1],\mathbb{R})$ cuando en este conjunto se considera la métrica

$$\|f\|_\infty = \sup_{x\in[-1,1]} |f(x)|.$$

En efecto; supongamos que $\mathcal{P}$ es abierto. Sea $f(x) = x$ el polinomio identidad en $[-1,1]$, entonces existe $\varepsilon > 0$ tal que $B(f,\varepsilon) \subset \mathcal{C}_b([-1,1],\mathbb{R})$. Sin embargo, la función $h : [-1,1] \to \mathbb{R}$ definida como $h(x) = x + \frac{\varepsilon x}{1+|x|}$ verifica que

$$\|f-h\|_\infty = \sup_{x\in[-1,1]} |f(x)-h(x)| = \varepsilon \cdot \sup_{x\in[-1,1]} \frac{|x|}{1+|x|} \leq \frac{\varepsilon}{2} < \varepsilon,$$

es decir, $h \in B(f,\varepsilon)$ y así h es un polinomio; lo cual no es cierto pues no es C^∞. Finalmente, para mostrar que $\mathcal{P}$ no es cerrado basta considerar la secuencia $\{p_n(t)\}_{n\in\mathbb{N}}$ tal que para cada $n \in \mathbb{N}$, $p_n(t) = 1 + \frac{t}{2} + \frac{t^2}{4} + \cdots + \frac{t^n}{2^n}$ y notar que $\mathcal{C}_b([-1,1],\mathbb{R}) \setminus \mathcal{P}$ no es abierto puesto que toda bola de $g(t) = \frac{2}{2-t}$ con $t \in [-1,1]$ contiene elementos de $\{p_n(t)\}_{n\in\mathbb{N}}$.

Definición 10.6. *Dado cualquier conjunto $X \subset M$, un punto $b \in M$ se dice punto de acumulación de X en M si para toda bola abierta con centro en b es posible encontrar un elemento de X diferente de b. A la vez, un punto $c \in X$ se dice aislado si no es punto de acumulación de X. Un conjunto se llama discreto si todos sus puntos son aislados.*

Ejemplo 10.7. Si $(x_n)_{n\in\mathbb{N}}$ es una secuencia convergente de términos eventualmente diferentes; es decir, existe $N \in \mathbb{N}$ tal que $x_n \neq x_m$ para todo $n, m \geq N$, entonces el límite es un punto de acumulación de la secuencia. Además, si x es el límite de esta secuencia, entonces cada $x_n \neq x$ es un punto aislado. En particular, para la secuencia $x_n = \frac{1}{n}$ tenemos que 0 es un punto de acumulación y todo $\frac{1}{n}$ es aislado.

Ahora veamos algunas equivalencias de estas nociones usando secuencias.

Proposición 10.8. *En un espacio métrico (M, d) se verifican:*

(1) *Un subconjunto $U \subset M$ es abierto si y solo si toda secuencia convergente hacia un punto de U tiene sus términos eventualmente en U.*

(2) *Un subconjunto $F \subset M$ es cerrado si y solo si F contiene al límite de toda secuencia convergente cuyos elementos pertenecen a F.*

(3) *Un punto $z \in M$ es de acumulación de un subconjunto S de M si y solo si existe una secuencia en S convergente a z con elementos diferentes entre sí.*

Prueba. Notemos inicialmente que cuando un subconjunto $Z \subset M$ no es abierto en M, por la definición, existirá un $w \in Z$ tal que $B_d(w, r) \not\subset M$ para todo $r > 0$ de donde podemos encontrar una secuencia $(w_n)_{n\in\mathbb{N}}$ cuyos elementos no están en Z y tal que $d(w_n, w) \to 0$. Usando esta observación, probaremos únicamente la segunda parte de la proposición, el resto es dejado al lector. Supongamos que F es cerrado y exista un secuencia $(x_n)_{n\in\mathbb{N}}$ en F cuyo límite sea $x \notin F$. Dado que $M \setminus F$ es abierto, existe $r > 0$ tal que $B_d(x, r) \subset M \setminus F$. Por la convergencia existirá algún x_{n_0} en $B_d(x, r)$, esto es, $x_{n_0} \notin F$ lo cual es absurdo. Recíprocamente, supongamos ahora que F no es cerrado en M entonces $M \setminus F$ no será abierto. Por la observación inicial podemos hallar una secuencia $(a_n)_{n\in\mathbb{N}}$ cuyos elementos no están en $M \setminus F$, por lo cual será una secuencia en F, y tal que converja a un punto de $M \setminus F$. Lo cual es absurdo por la condición dada. □

Como consecuencia directa de este resultado obtenemos que todo subconjunto cerrado de un espacio métrico completo es completo. En particular, obtenemos otra prueba de que $\mathcal{C}_b(M, N)$ es completo con la métrica del supremo.

Por otro lado, la nocicón de conjunto abierto nos permite obtener un criterio para conocer la continuidad de una aplicación.

Proposición 10.9. *Una aplicación $f : M \to N$ es continua si y solo si para cada conjunto abierto B en N, $f^{-1}(B)$ es abierto en M.*

A continuación, abordaremos el problema de aproximar a los elementos de un espacio métrico usando elementos de un subconjunto del mismo.

Proposición 10.10. *Sea (M, d) un espacio métrico. Un subconjunto A de M, se dice que es denso en M si para cada $x \in M$, existe una secuencia $(x_n)_{n\in\mathbb{N}}$ en A tal que $d(x_n, x) \to 0$.*

Trivialmente, todo espacio métrico es denso en sí mismo, por lo que es de interés el obtener subconjuntos propios que sean densos.

Ejemplo 10.11. En la recta real $\mathbb{R}$, con la métrica usual, el ejemplo clásico de subconjunto denso es el conjunto de los números racionales $\mathbb{Q}$, ya que dado $r \in \mathbb{R}$ basta considerar la secuencia $([\![nr]\!]/n)_{n\in\mathbb{N}}$ en $\mathbb{Q}$ donde $[\![nr]\!]$ es el máximo entero de nr para cada $n \in \mathbb{N}$. Análogamente, el subconjunto de números irracionales $\mathbb{I}$ es denso en $\mathbb{R}$. Para ver esto, dado $r \in \mathbb{R}$, es suficiente aproximar por racionales al número real $r\sqrt{2}$.

Motivado por la convergencia de secuencias, intuitivamente uno tiene la idea que un conjunto denso no pierde esta propiedad si se retiran de él una cantidad finita de términos.

Ejemplo 10.12. Si A es denso en M y F es un subconjunto finito de A, entonces $A \setminus F$ es denso en M siempre que F no contenga algún punto aislado.

Ejemplo 10.13. Si A y B son subconjuntos densos en M entonces $A \cup B$ es denso en M, sin embargo $A \cap B$ es denso en M si uno de ellos es abierto en M. En efecto; supongamos que A sea abierto en M. Dado $x \in M$, debemos obtener una secuencia en $A \cap B$ que converge a x. Por la densidad de A, podemos obtener una secuencia $(a_n)_{n\in\mathbb{N}}$ en A tal que $d(a_n, x) \to 0$. Para cada $n \in \mathbb{N}$, existe una secuencia en $(b_j^n)_{j\in\mathbb{N}}$ en B tal que $d(b_j^n, a_n) \to 0$ cuando $j \to +\infty$ y al ser A abierto en M, por la Proposición 10.8 podemos encontrar un $b_{j(n)}^n \in A$ tal que $d(a_n, b_{j(n)}^n) \leq 1/n$. Esto origina una secuencia $(b_{j(n)}^n)_{n\in\mathbb{N}}$ en $A \cap B$ con las hipótesis requeridas.

Note la importancia de que al menos uno de los conjuntos sea abierto. Por ejemplo, si $M = \mathbb{R}$, $A = \mathbb{Q}$ y $B = \mathbb{I}$. Tanto A como B no son abiertos, pero ambos son densos en $\mathbb{R}$. En este caso, $A \cap B = \emptyset$, el cual no es denso en $\mathbb{R}$.

Una equivalencia de la densidad usando conjuntos abiertos es la siguiente

Proposición 10.14. *Sea (M, d) un espacio métrico. Dado $A \subset M$, son equivalentes*

(1) *A es denso en X.*

(2) *Si U es un abierto no vacío, entonces $U \cap A \neq \emptyset$.*

Ejemplo 10.15. El subespacio generado por las funciones características definidas en subconjuntos de $\mathbb{N}$ es denso en $(l_\infty(\mathbb{R}), \|\cdot\|_\infty)$. En efecto; dado $x = (x_n) \in l_\infty(\mathbb{R})$ y $\varepsilon > 0$, por la Proposición 10.14 es suficiente probar que $B(x, \varepsilon)$ contiene algún elemento de $\{I_A : A \subset \mathbb{N}\}$. Como $\|x\|_\infty < \infty$, podemos hallar un $N \in \mathbb{N}$ tal que

$$[-\|x\|_\infty, \|x\|_\infty] \subset [a_1, b_1) \cup \cdots \cup [a_N, b_N),$$

donde $0 < b_i - a_i < \varepsilon/2$ para cada $i = 1, \cdots, N$. Esto induce una descomposición de los naturales en los subconjuntos $M_i = \{n \in \mathbb{N} : x_n \in [a_i, b_i)\}$, esto es, $\mathbb{N} = \bigcup_{i=1}^{N} M_i$ donde la unión es disjunta. Finalmente, notemos que $z = \sum_{i=1}^{N} a_i I_{M_i}$ está en el generado por $\{I_A : A \subset \mathbb{N}\}$ y además, al ser los M_i disjuntos, z define una secuencia $z : \mathbb{N} \to \{a_1, \cdots, a_N\}$; de donde $z \in l_\infty(\mathbb{R})$ y así

$$\|x - z\|_\infty = \sup_{n \in \mathbb{N}} |x_n - z_n| = \sup_{n \in \mathbb{N}} |x_n - a_n| \leq \frac{\varepsilon}{2} < \varepsilon.$$

Lo cual implica que $z \in B(x, \varepsilon)$, como queríamos probar.

Ejercicios

10.1 Demuestre la Proposición 2.77.

10.2 Sea (M, d) un espacio métrico y considere en el producto $M \times M$ la métrica dada por $d((x_1, x_2), (y_1, y_2)) = \max\{d(x_1, y_1), d(x_2, y_2)\}$. Demuestre que la diagonal, $\triangle = \{(x, x) : x \in M\}$ es un cerrado en $M \times M$.

10.3 Pruebe lo siguiente: en un espacio métrico todo subconjunto es abierto si y solo si todo conjunto unitario es abierto.

10.4 Pruebe que en un espacio normado con la métrica inducida por la norma, ningún conjunto unitario puede ser abierto. Sin embargo, en $\mathbb{R}^2$ al considerar la métrica

$$d((x_1, x_2), (y_1, y_2)) = \begin{cases} 0 & \text{si } x_i = y_i \\ \sqrt{x_1^2 + x_2^2} + \sqrt{y_1^2 + y_2^2} & \text{otro caso,} \end{cases}$$

todo conjunto unitario, distinto del $\{0\}$, es abierto.

10.5 Sea E un espacio normado de dimensión finita n. Si $\{v_1, \cdots, v_n\}$ es una base de E, pruebe que $\{q_1 v_1 + \cdots + q_n v_n : q_j \in \mathbb{Q}\}$ es denso en E.

10.6 Demuestre el Ejemplo 10.12.

10.7 Demuestre la Proposición 10.14.

10.8 Pruebe que si A es denso y cerrado en M, entonces $A = M$.

10.9 Pruebe que la unión de una familia arbitraria de conjuntos abiertos es abierto.

11. Conexidad

Uno probablemente tiene una idea intuitiva de lo que significa un conjunto "conexo" como aquel que está "conectado" o que consiste de "una sola pieza". Por ejemplo, la recta real, parece ser un conjunto conexo, pero si retiramos un punto de esta perdemos esta propiedad. Sin embargo, no es del todo claro el definir esta noción en espacios métricos en general (por ejemplo para el conjunto de funciones continuas) y más aún para subconjuntos del mismo.

Definición 11.1. *Sea (M, d) un espacio métrico. Decimos que M es conexo si M no puede ser escrito como una unión disjunta $M = A \cup B$ donde A y B son abiertos no vacíos de M. Un espacio métrico que no es conexo se dice disconexo.*

Ejemplo 11.2. Una bola abierta puede no ser conexa. En efecto; tome $Y = \{a, b\}$ donde $a \neq b$ y considere la métrica discreta d, entonces $Y = B_d(a, 2) = \{a\} \cup \{b\}$ sin embargo, $Y \not\subset \{a\}$ o $Y \not\subset \{b\}$.

Note que en el ejemplo anterior $\{a\}$ es un conjunto abierto y cerrado de Y. Veremos que en general la existencia de este tipo de subconjuntos de un espacio métrico desbarata la conexidad del espacio.

Proposición 11.3. *M es disconexo si y solo si admite un subconjunto propio no vacío que es simultáneamente abierto y cerrado en M.*

Para extender la noción de conexidad para subconjuntos de un espacio métrico, será necesario considerar cada subconjunto como un espacio métrico con la métrica inducida del ambiente; es decir, dado un subconjunto $X \subset (M, d)$ dotamos a X con la métrica d_X tal que $d_x(a, b) = d(a, b)$ para cualesquiera $a, b \in X$. En este caso diremos que X es un *subespacio métrico.*

Definición 11.4. *Sea (M, d) un espacio métrico, y suponga que X es un subconjunto de M. Decimos que X es un subconjunto conexo de M si y solo si (X, d_X) es un espacio métrico conexo.*

Es importante fijar las ideas de lo que significa para un conjunto ser abierto o cerrado en un subespacio métrico. Como un ejemplo consideremos el subconjunto $X = [0, 1) \cup [2, 3]$ en $(\mathbb{R}, d)$ (donde d es inducida por el valor absoluto). Notemos que en la recta real, el conjunto $[0, 1)$ no es abierto ni cerrado y $[2, 3]$ es un conjunto cerrado. Sin embargo, en el espacio métrico (X, d_X) ambos conjuntos son abiertos! En efecto, basta notar que $B_{d_X}(1/2, 1/2) = [0, 1)$ y $B_{d_X}(5/2, 1) = [2, 3]$. Por lo tanto X al ser escrito como unión disjunta de abiertos (de X), es disconexo.

En Topología General, los abiertos de un subconjunto son llamados *abiertos relativos* y se obtienen como la intersección de los abiertos del espacio ambiente con el subconjunto en mención. El lector no tendrá dificultad en justificar que para cada $a \in X$ y $r > 0$ se verifican

$$B_{d_X}(a,r) = B_d(a,r) \cap X, \quad \text{y} \quad B_{d_X}[a,r] = B_d[a,r] \cap X.$$

Ejemplo 11.5. Un subconjunto de $(\mathbb{R}, |\cdot|)$ es conexo si y solo si es un intervalo. En efecto; supongamos que I es un subconjunto conexo de la recta real. Con la finalidad de probar que este es un intervalo, sean $a, b \in I$ con $a < b$, y sea x tal que $a < x < b$. Si $x \notin I$, entonces I puede ser escrito como la unión disjunta de dos abiertos de I: $(-\infty, x) \cap I$ y $(x, +\infty) \cap I$, contradiciendo la conexidad de I. Recíprocamente, debemos probar que cualquier intervalo es conexo. Probaremos esto para intervalos de la forma $I = [a,b]$, el resto de casos queda como ejercicio para el lector. Supongamos existen A, B abiertos en $[a,b]$, no vacíos y disjuntos tales que $[a,b] = A \cup B$. Sin pérdida de generalidad podemos suponer que $b \in B$. Sea $c = \sup A$ y como $b = \sup[a,b]$, entonces $c \leq b$. Si $c \notin A$, luego $c \in B$ y como este último es abierto en I, existe $\varepsilon > 0$ tal que $(c-\varepsilon, c+\varepsilon) \cap I$ está contenido en B, en particular también los está $(c-\varepsilon, c]$. Por definición de supremo existe $a_0 \in A$ tal que $c - \varepsilon < a_0 \leq c$, de donde $a_0 \in B$, absurdo. Por lo tanto, $c \in A$ y así $c < b$. Análogamente existe $\delta > 0$ tal que $[c, c+\delta)$ está contenido en A, de donde $z = c + \frac{\delta}{2} \in A \cap B = \emptyset$. Luego I es conexo.

Proposición 11.6. *Sea $f : M \to N$ una aplicación continua. Si M es conexo, entonces $f(M)$ es un subconjunto conexo de N.*

Sea (M,d) un espacio métrico. Dados $x, y \in M$, un *camino* de x a y es una aplicación continua $\alpha : [0,1] \to M$ tal que $\alpha(0) = x$ y $\alpha(1) = y$. Escribiremos $x \sim y$ toda vez que exista un camino de x a y. El lector puede probar que $\sim$ define una relación de equivalencia entre los puntos de M. Si todo par de puntos de M pueden ser unidos por una trayectoria decimos que (M,d) es *conexo por caminos.*

Teorema 11.7. *Todo espacio métrico conexo por caminos es conexo.*

Prueba. Sea (M,d) un espacio métrico conexo por caminos. Supongamos existan A y B abiertos en M, disjuntos y tales que $M = A \cup B$. Fijados $a \in A$ y $b \in B$. Existe un camino $\alpha : [0,1] \to M$ tal que $\alpha(0) = a$ y $\alpha(1) = b$. Como α es continua, $\alpha^{-1}(A)$ y $\alpha^{-1}(B)$ son abiertos en $[0,1]$. Además, verifican $[0,1] = \alpha^{-1}(A) \cup \alpha^{-1}(B)$. Notemos que estos conjuntos son no vacíos, dado que $0 \in \alpha^{-1}(A)$ y $1 \in \alpha^{-1}(A)$; por lo tanto, $[0,1]$ es disconexo, absurdo. □

El recíproco del teorema anterior no es cierto en general, para notar esto veamos los siguientes ejemplos:

Ejemplo 11.8. En $\mathbb{R}$, un subconjunto es conexo si y solo si es conexo por caminos. En general, sobre un espacio normado E, todo subconjunto convexo es conexo por caminos.

Ejemplo 11.9. Sea E es un espacio normado. Si $M \subset E$ es conexo y abierto, entonces M es conexo por caminos. En efecto; dado $x \in M$ es suficiente considerar $M_x = \{y \in M : x \sim y\}$ y probar que este conjunto es abierto y cerrado. Luego $M = M_x$, con lo cual todo elemento de M puede ser unido a x.

Ejemplo 11.10. Existen subconjuntos del plano $(\mathbb{R}^2, d_2)$ que son conexos pero no conexo por caminos. Considere el siguiente subconjunto

$$M = \{(x,0) \in \mathbb{R}^2 : x \in [0,1]\} \cup \{(1/n, y) \in \mathbb{R}^2 : n \in \mathbb{N},\, y \in [0,1]\} \cup \{(0,1)\}.$$

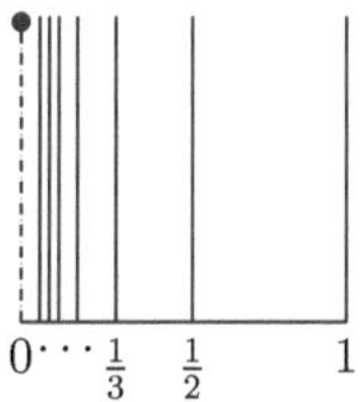

Dejamos como ejercicio para el lector el probar que M es conexo. Probaremos que M no es conexo por caminos. Sea $\alpha : [0,1] \to M$ un camino tal que $\alpha(0) = (0,1)$. Afirmamos que $\alpha^{-1}(\{(0,1)\})$ es abierto y cerrado en $[0,1]$. En efecto; como todo conjunto unitario es cerrado, entonces $\alpha^{-1}(\{(0,1)\})$ también es cerrado. Resta probar que $\alpha^{-1}(\{(0,1)\})$ es abierto, para ello tome $t \in \alpha^{-1}(\{(0,1)\})$ y sea $\delta < 1/2$. Entonces, todo abierto $B_2((0,1),\delta)$ no contiene elementos de la forma $(x,0)$. Como α es continua, existe $\varepsilon > 0$ tal que $V_t = (t-\varepsilon . t+\varepsilon) \subset \alpha^{-1}(B_2((0,1),\delta))$ y así $\alpha(V_t)$ es un subconjunto conexo contenido en $B_2((0,1),\delta)$. Dado $w \in V_t$, si $\alpha(w) = (1/n, y)$ para algunos $n \in \mathbb{N}$ e $y \in [0,1]$, entonces tomando $r \in \mathbb{Q}$ tal que $\frac{1}{n+1} < r < \frac{1}{n}$ obtenemos la descomposición

$$\alpha(V_t) = (\alpha(V_t) \cap (-\infty, r) \times \mathbb{R}) \cup (\alpha(V_t) \cap (r, +\infty) \times \mathbb{R}),$$

lo cual contradice la conexidad de $\alpha(V_t)$. Luego $\alpha|_{V_t} = (0,1)$, es decir, $V_t \subset \alpha^{-1}(\{(0,1)\})$. Por lo tanto, $\alpha^{-1}(\{(0,1)\}) = [0,1]$ de donde todo camino que inicia en $(0,1)$ debe ser constante, por consiguiente, M no puede ser conexo por caminos.

Finalizamos esta sección desarrollando un ejemplo clásico de conjunto *totalmente disconexo* el cual, como veremos más adelante, es el modelo de los *conjuntos tipo Cantor.*

Definición 11.11. *Sea (M, d) un espacio métrico. Decimos que M es totalmente disconexo si todo subconjunto conexo y no vacío de M es unitario.*

Fijemos $\alpha \in (0,1)$ y notemos que si $\beta = \frac{1-\alpha}{2}$, entonces $\beta \in (0, \frac{1}{2})$. Inicialmente, definimos $C_\alpha(1)$ como el resultado de eliminar de $[0,1]$ el intervalo abierto $(\beta, 1-\beta)$ de longitud $1 - 2\beta = \alpha$, es decir,

$$C_\alpha(1) = [0, \beta] \cup [1 - \beta, 1].$$

Luego, obtenemos $C_\alpha(2)$ a partir de $C_\alpha(1)$ al eliminar de cada uno de sus intervalos componentes un intervalo abierto central de longitud $\alpha\beta$. Así, obtenemos

$$C_\alpha(2) = [0, \beta^2] \cup [\beta(1-\beta), \beta] \cup [1-\beta, \beta^2 + (1-\beta)] \cup [(1-\beta) + \beta(1-\beta), 1].$$

En general, $C_\alpha(n)$ es la unión disjunta de 2^n intervalos cerrados cada uno de longitud β^n y $C_\alpha(n+1)$ se obtiene eliminando del centro de cada intervalo de $C_\alpha(n)$ un intervalo de longitud $\alpha\beta^n$. También notemos que por el Ejercicio 10.9 de la sección anterior

$$\bigcup_{n=1}^{\infty} \left([0,1] \setminus C_\alpha(n)\right),$$

es un abierto, de modo que

$$C_\alpha = \bigcap_{n=1}^{\infty} C_\alpha(n),$$

es un cerrado no vacío, ya que por la construcción $\{0,1\} \subset C_\alpha$. Este conjunto se denomina *conjunto de Cantor* C_α.

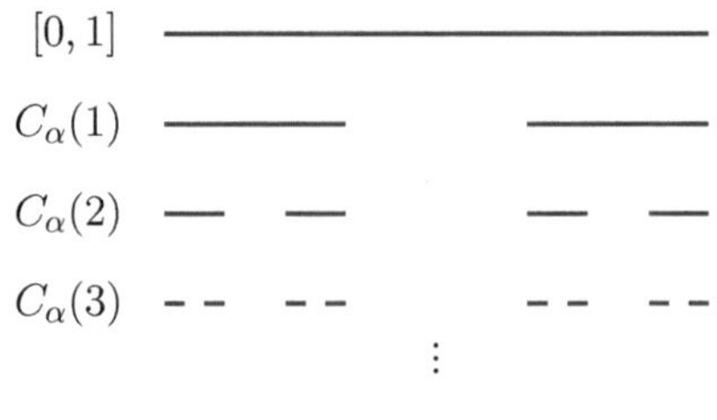

$[0,1]$ ———————————

$C_\alpha(1)$ ——— ———

$C_\alpha(2)$ — — — —

$C_\alpha(3)$ - - - - - - - -

⋮

A continuación estudiaremos el caso $\alpha = 1/3$, ya que el análisis de los otros casos de α es similar. A fin de probar algunas propiedades de C_α introducimos los siguientes números $\{a_j\}_{j\in\mathbb{N}}$ que nos ayudarán para formalizar los intervalos contenidos en el conjunto $C_{\frac{1}{3}}(n)$:

Dado $j \in \mathbb{N}$. Si $j = 0$, definimos $a_0 = 0$. Caso contrario, escribimos j en su notación binaria, esto es

$$j = c_0 \cdot 2^0 + c_1 \cdot 2^1 + \cdots + c_m \cdot 2^m,$$

donde $c_i \in \{0, 1\}$ y $c_m = 1$ y definimos

$$a_j = 2c_0 \cdot 3^0 + 2c_1 \cdot 3^1 + \cdots + 2c_m \cdot 3^m.$$

Podemos pensar en este último caso como duplicar los coeficientes en base dos y usarlos en base tres. Por ejemplo, los cuatros primeros a_j, no nulos, son:

$$a_1 = 2 \cdot 1 = 2, \quad a_2 = 2 \cdot 1 \cdot 3^1 = 6, \quad a_3 = 2 \cdot 1 + 2 \cdot 1 \cdot 3^1 = 8, \quad a_4 = 2 \cdot 1 \cdot 3^2 = 18.$$

Se verifican:

(1) $a_{2^m} = 2 \cdot 3^m$

(2) $3a_j = a_{2j}$

(3) $3a_j + 2 = a_{2j+1}$

(4) $a_{(c_0 \cdot 2^0 + c_1 \cdot 2^1 + \cdots + c_m \cdot 2^m)} = c_0 \cdot a_{2^0} + c_1 \cdot a_{2^1} + \cdots + c_m \cdot a_{2^m}$

(5) $1 + a_j < a_{j+1}$

Luego, usando inducción matemática, podemos verificar que

$$C_{\frac{1}{3}}(m) = \bigcup_{j=0}^{2^m-1} \left[\frac{a_j}{3^m}, \frac{a_j + 1}{3^m}\right].$$

En particular, si $m = 1$

$$\begin{aligned} C_{\frac{1}{3}}(1) &= \left[\frac{a_0}{3^1}, \frac{a_0 + 1}{3^1}\right] \cup \left[\frac{a_1}{3^1}, \frac{a_1 + 1}{3^1}\right] \\ &= \left[0, \frac{1}{3}\right] \cup \left[\frac{2}{3}, 1\right]. \end{aligned}$$

Para $m = 2$

$$\begin{aligned} C_{\frac{1}{3}}(2) &= \left[\frac{a_0}{3^2}, \frac{a_0+1}{3^2}\right] \cup \left[\frac{a_1}{3^2}, \frac{a_1+1}{3^2}\right] \cup \left[\frac{a_2}{3^2}, \frac{a_2+1}{3^2}\right] \cup \left[\frac{a_3}{3^2}, \frac{a_3+1}{3^2}\right] \\ &= \left[0, \frac{1}{9}\right] \cup \left[\frac{2}{9}, \frac{3}{9}\right] \cup \left[\frac{6}{9}, \frac{7}{9}\right] \cup \left[\frac{8}{9}, 1\right]. \end{aligned}$$

Lo cual coincide con la construcción geométrica.

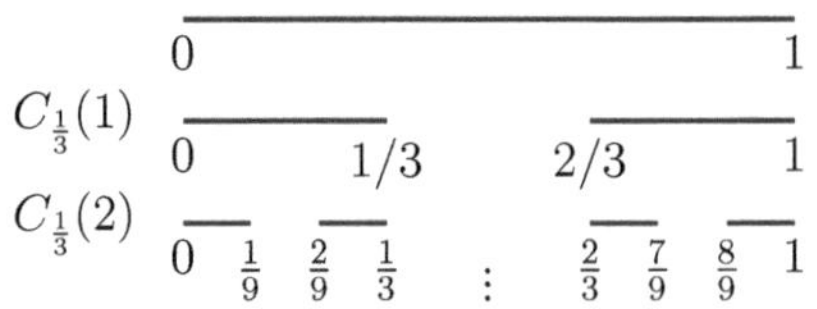

0 1

$C_{\frac{1}{3}}(1)$ 0 1/3 2/3 1

$C_{\frac{1}{3}}(2)$ 0 $\frac{1}{9}$ $\frac{2}{9}$ $\frac{1}{3}$ $\vdots$ $\frac{2}{3}$ $\frac{7}{9}$ $\frac{8}{9}$ 1

Teorema 11.12. *Sobre el conjunto de Cantor $C_{\frac{1}{3}}$ se verifican:*

(1) $C_{\frac{1}{3}}$ *es cerrado y acotado.*

(2) $C_{\frac{1}{3}}$ *es perfecto, es decir, todos sus puntos son de acumulación.*

(3) $C_{\frac{1}{3}}$ *es totalmente disconexo.*

Los argumentos de la siguiente sección nos dirán que en general C_α es compacto, perfecto y totalmente disconexo.

Prueba. Es suficiente probar los dos últimos items. Veamos la parte (2). Sea $z \in C_{\frac{1}{3}}$. Vamos a construir una secuencia $(x_n)_{n\in\mathbb{N}}$ de elementos diferentes dos a dos y tal que converja hacia z. Para cada $n \in \mathbb{N}$, $z \in C_{\frac{1}{3}}(n)$. Existe $k_n \in \{0, \cdots, 2^n - 1\}$ tal que $z \in \left[\frac{a_{k_n}}{3^n}, \frac{a_{k_n}+1}{3^n}\right]$. Así, basta tomar $x_n = \frac{a_{k_n}+1}{3^n}$ para obtener la secuencia buscada. Veamos la parte (3). Sea X un subconjunto conexo de $C_{\frac{1}{3}}$. Sean $x, y \in C_{\frac{1}{3}}$. Si $[x, y] \subset C_{\frac{1}{3}}$, entonces $[x, y] \subset C_{\frac{1}{3}}(n)$ para cada $n \in \mathbb{N}$. Por tanto, para cada $n \in \mathbb{N}$, existe j_n tal que $[x, y] \subset \left[\frac{a_{j_n}}{3^n}, \frac{a_{j_n}+1}{3^n}\right]$. Lo cual no es posible por la longitud de los intervalos. En consecuencia, existe $w \in [x, y] \setminus C_{\frac{1}{3}}$ con lo que podemos escribir

$$X = ([0, w) \cap X) \cup ((w, 1] \cap X),$$

la cual es una división de X en abiertos disjuntos. Por lo que X es disconexo, absurdo. □

Ejercicios

11.1 Pruebe que un subconjunto $Y \subset M$ es conexo si y solo si dados dos conjuntos abiertos disjuntos A y B en M tales que $Y \subset A \cup B$ se satisface que $Y \subset A$ o $Y \subset B$.

11.2 Sea (M, d) un espacio métrico. El subconjunto $Y \subset M$ es conexo si y solo si toda vez que sea posible escribir $Y = A \cup B$ como unión disjunta, entonces existirá una secuencia convergente en Y cuyos términos no están eventualmente en A o B.

11.3 Pruebe la conexidad del conjunto del plano

$$\{(x, 0) \in \mathbb{R}^2 : x \in [0, 1]\} \cup \{(1/n, y) \in \mathbb{R}^2 : n \in \mathbb{N},\ y \in [0, 1]\} \cup \{(0, 1)\}.$$

11.4 Considere el espacio métrico $(\mathbb{Q}, d)$, usando en $\mathbb{Q}$ la métrica usual inducida de $\mathbb{R}$. Si A es un subconjunto no vacío y convexo de $\mathbb{Q}$, pruebe que A es unitario.

11.5 Estudie la conexidad del subconjunto de $\mathbb{R}^2$ dado por $A = \{(x, y) : x + y \notin \mathbb{Q}\}$.

11.6 Sea $f : \mathbb{R} \to \mathbb{R}$ tal que, para cada $x \in X$, $f^{-1}(\{x\})$ consta de dos elementos. Pruebe que f no es continua.

12. Compacidad

A continuación, desarrollaremos una propiedad muy interesante en Topología General cuya interpretación puede ser dada a través de la similaridad entre los espacios con esta propiedad y los conjuntos finitos. En el caso particular de los Espacios Métricos, esta propiedad, puede ser interpretada como una generalización del Teorema de Bolzano Weierstrass:

Teorema 12.1. *Todo subconjunto infinito y limitado en $\mathbb{R}$ posee punto de acumulación.*

Prueba. Sea A un subconjunto infinito y limitado de la recta. Supongamos que este no posea punto de acumulación alguno. Notemos que, bajo este supuesto, para cada $X \subset A$ no vacío se tiene que $\inf(X) \in X$; caso contrario, $\inf(X)$ sería un punto de acumulación de X y por tanto también de A. Análogamente $\sup(X) \in X$. Así, todo subconjunto no vacío de A tiene mínimo y máximo. Consideremos la secuencia definida recursivamente como $x_n = \inf(A \setminus \{x_i : i < n\})$ para cada $n \geq 1$, y sea $B = \{x_n : n \geq 1\}$. Entonces B es un subconjunto estrictamente creciente e infinito de A, por lo cual $\sup(B) \notin B$, contradicción. □

Definición 12.2. *Diremos que un espacio métrico (M, d) es compacto cuando todo subconjunto infinito posee punto de acumulación.*

En Topología General, esta definición puede ser hecha equivalentemente usando cubrimientos abiertos o haciendo uso de la propiedad de la intersección finita. En nuestro caso, el métrico, da igual como se coloque la definición pues todas son equivalentes; aunque debemos destacar que la definición tomada es muy manejable por su relación con las sucesiones.

Ejemplo 12.3. En $\mathbb{R}^m$, con cualquier métrica d_p, un conjunto es compacto si y solo si es cerrado y limitado; en efecto, tomando en cuenta el Ejercicio 12.1 será suficiente probar la recíproca. Sea $S \subset \mathbb{R}^m$ un conjunto cerrado y limitado. Dado que S es limitado y las proyecciones son Lipschitzs, entonces $\pi_k(S)$ es limitado para todo k. Además, si $\pi_k(S)$ es finito para todo k, S sería finito y trivialmente compacto; por consiguiente, podemos suponer que existe algún k tal que $\pi_k(S)$ es infinito y por tanto podemos tomar una secuencia $(x_n)_{n\in\mathbb{N}}$ en $\pi_k(S)$ cuyos elementos sean diferentes dos a dos. Luego, por el Teorema 12.1, existe una subsecuencia $(x_{\rho(n)})_{n\in\mathbb{N}}$ que converge a un punto de acumulación de $\pi_k(S)$. Tome un punto arbitrario de S digamos $z = (z_1, \cdots, z_m)$ y consideremos la siguiente sucesión $(A_n)_{n\in\mathbb{N}}$ en S definida de modo tal que

$$A_n = z + (x_{\rho(n)} - z_k)e_k,$$

donde e_k es el k-ésimo vector unitario canónico de $\mathbb{R}^m$. Esta secuencia es convergente y sus elementos son diferentes dos a dos y usando la cerradura de S notamos que su límite pertenece a S, de donde se sigue que S es compacto.

En general, un conjunto compacto en un espacio métrico es cerrado y limitado, pero lo recíproco no es necesariamente cierto.

Ejemplo 12.4. Considere $(\mathbb{N}, d)$ con la métrica discreta y tome el subconjunto $M = \mathbb{N} \setminus \{1\}$. Sabemos que todo conjunto es esta métrica es abierto, por tanto M será cerrado y trivialmente limitado. Para ver que no es compacto, tome el conjunto $\{2, 4, \cdots, 2n, \cdots\}$ el cual no posee punto de acumulación.

A continuación, presentamos un ejemplo menos trivial que el anterior.

Ejemplo 12.5. Consideremos $M = \mathcal{C}_b([0,1], \mathbb{R})$ con la métrica del supremo. La bola unitaria $B = B[0,1]$ es cerrada, limitada pero no compacta. En efecto, sabemos que B es cerrada y limitada; resta probar que no es compacta. Para cada $n \geq 1$, definimos la función:

$$f_n(x) = \begin{cases} 1 - nx & \text{si } x \in \left[0, \frac{1}{n}\right] \\ 0 & \text{si } x \in \left[\frac{1}{n}, 1\right], \end{cases}$$

entonces $f_n \in B$ para cada $n \in \mathbb{N}$. Notemos que f_n es una función decreciente y que la sucesión $(f_n)_{n\in\mathbb{N}}$ no admite subsecuencias convergentes pues de hacerlo su límite será discontinuo. Luego, el conjunto de valores de la secuencia $\{f_1, f_2, \dots\}$ es cerrado. Veamos ahora que este conjunto es infinito y discreto.

Tome $m < n$. El lector puede verificar que

$$f_m(x) - f_n(x) = \begin{cases} (n-m)x & \text{si } x \in \left[0, \frac{1}{n}\right] \\ 1 - mx & \text{si } x \in \left[\frac{1}{n}, \frac{1}{m}\right] \\ 0 & \text{si } x \in \left[\frac{1}{m}, 1\right], \end{cases}$$

de donde

$$d(f_m, f_n) = \frac{n-m}{n} \geq \frac{1}{m+1}.$$

Análogamente, cuando $m > n$, se tiene

$$d(f_m, f_n) \geq \frac{1}{n+1} \geq \frac{1}{m+1}.$$

Por tanto, si tomamos las bolas abiertas

$$B_d(f_m, \tfrac{1}{2(m+1)}) = \left\{ f \in \mathcal{C}_b([0,1], \mathbb{R}) : d(f, f_m) < \tfrac{1}{2(m+1)} \right\},$$

para todo $m \in \mathbb{N}$, entonces

$$B_d(f_m, \tfrac{1}{2(m+1)}) \bigcap \{f_1, f_2, \dots\} = \{f_m\}.$$

Probando que un subconjunto de B, en este caso $\{f_1, f_2, \dots\}$, es infinito, cerrado y discreto de donde deducimos que no posee punto de acumulación alguno, por lo cual B no es compacto.

Más adelante probaremos que el resultado del ejemplo anterior esta relacionado a la dimensión lineal de $\mathcal{C}([0,1], \mathbb{R})$. El siguiente resultado muestra una serie de equivalencias para la compacidad en espacios métricos.

Teorema 12.6. *Son equivalentes:*

(1) *M es compacto.*

(2) *Toda secuencia en M posee una subsecuencia convergente en M.*

(3) *M es completo y totalmente acotado.*

Prueba. Probaremos que (1) $\Rightarrow$ (2) : sea $(x_n)_{n\in\mathbb{N}}$ una secuencia en M. Si existe algún elemento digamos x_{n_0} que aparece infinitas veces en la secuencia, es decir, $x_{n_0} = x_k$ para todo $k \in N_0 \subset \mathbb{N}$ donde N_0 es infinito, entonces tomamos la subsecuencia $(x_{\rho(n)})_{n\in\mathbb{N}}$ donde $x_{\rho(n)} = x_{n_0}$ y $\rho : \mathbb{N} \to N_0$ es una biyección; la cual es trivialmente convergente. Caso contrario, si cada elemento de la secuencia aparece un número finito de veces, entonces $\{x_1, x_2, \cdots\}$ es infinito y admite un punto de acumulación $x \in M$. El lector no tendrá problemas en obtener una subsecuencia convergente a x. Veamos ahora (2) $\Rightarrow$ (3) : Dada una secuencia de Cauchy en M, existirá una subsecuencia convergente lo que unido a la Proposición 8.8 implica que esta secuencia es convergente, lo que prueba la completitud de M. La acotación total resulta de la Proposición 9.4, dado que al tomar una secuencia esta tendrá una subsecuencia convergente que en particular será de Cauchy. Finalmente, probaremos que (3) $\Rightarrow$ (1) : Sea $S \subset M$ un conjunto infinito y tomemos una secuencia

$(x_n)_{n\in\mathbb{N}}$ en S tal que $x_m \neq x_n$ para $m \neq n$. Entonces, de la acotación total existirá una subsecuencia de Cauchy que será convergente, a digamos x, por la completitud de M. Por tanto, x será un punto de acumulación del conjunto S. □

Como consecuencia inmediata de esta caracterización obtenemos la preservación de la compacidad vía aplicaciones continuas.

Proposición 12.7. *Sea $f : (M, d_M) \to (N, d_N)$ una aplicación continua. Si K es un subconjunto compacto de M, entonces $f(K)$ es compacto en N.*

Prueba. Sea $(y_n)_{n\in\mathbb{N}}$ una secuencia en $f(K)$. Luego, para cada $n \in \mathbb{N}$, existe $x_n \in M$ tal que $f(x_n) = y_n$. Como M es compacto, existe una subsecuencia convergente de $(x_n)_{n\in\mathbb{N}}$. Note que, por la continuidad de f, la imagen de dicha subsecuencia por f genera una subsecuencia convergente de $(y_n)_{n\in\mathbb{N}}$. □

Como consecuencia inmediata de este resultado se tiene que toda aplicación continua $f : M \to N$, con M compacto, tiene imagen $f(M)$ totalmente acotada, y por tanto, limitada. Luego podemos establecer que

$$\mathcal{C}_b(M, N) = \mathcal{C}(M, N),$$

siempre que M sea compacto. Así, en particular obtenemos

$$\mathcal{C}_b([0, 1], \mathbb{R}) = \mathcal{C}([0, 1], \mathbb{R}).$$

La compacidad permite probar muchos resultados interesantes, por ejemplo, sabemos del Algebra Lineal que si dos espacios vectoriales de dimensión finita tienen dimensiones iguales, entonces ellos son isomorfos, es decir, indistinguibles como espacios vectoriales. Haciendo uso de la estructura métrica podemos probar que, además de isomorfos, son homeomorfos como se muestra en el ejemplo siguiente.

Ejemplo 12.8. Sea $(E, \|\cdot\|)$ un espacio vectorial normado de dimensión m. Si d es la métrica inducida en E por su norma, entonces $(E, d) \simeq (\mathbb{R}^m, d_1)$. En efecto, consideremos una base $\{u_1, \cdots, u_m\}$ de E y definamos $f : \mathbb{R}^m \to E$ de modo tal que $f(x_1, \cdots, x_m) = \sum_{k=1}^{m} x_k u_k$. Entonces, f es un isomorfismo y en particular una biyección. El lector no tendrá problemas en mostrar que f es Lipschitz con constante $K = \max\{\|u_k\| : k = 1, \cdots, m\}$, por tanto continua. Resta probar que f^{-1} es continua. La esfera unitaria $\mathbb{S}^{m-1}$ es un conjunto compacto en $(\mathbb{R}^m, d_1)$ y por ejemplo anterior, el conjunto $f(\mathbb{S}^{m-1})$ es compacto en (E, d). De la linealidad, $f(\mathbb{S}^{m-1})$ no contiene al origen de E. Como $f(\mathbb{S}^{m-1})$ es cerrado por tanto es posible tomar una bola abierta centrada en el origen disjunta con $f(\mathbb{S}^{m-1})$, esto es, existe

$r > 0$ tal que $d(f(w), 0) > r$ para todo $w \in \mathbb{S}^{m-1}$. Así, dados $z, y \in E$ tales que $z \neq y$ se tiene

$$\frac{f^{-1}(z) - f^{-1}(y)}{\|f^{-1}(z) - f^{-1}(y)\|_1} \in \mathbb{S}^{m-1}$$

y entonces

$$rd_1(f^{-1}(z), f^{-1}(y)) = r\|f^{-1}(z) - f^{-1}(y)\|_1 < \|f(f^{-1}(z) - f^{-1}(y))\| = d(z, y).$$

En general, tenemos $d_1(f^{-1}(z), f^{-1}(y)) \leq \frac{1}{r}d(z, y)$ para todo $z, y \in E$. Lo que implica que f^{-1} es Lipschitz, de donde se sigue la prueba.

Ejemplo 12.9. Si d es una métrica que proviene de una norma en $\mathbb{R}^m$, entonces $d \sim d_1$; para ver esto, basta tomar en el ejemplo anterior $E = \mathbb{R}^m$ y $u_k = e_k$ para todo $k = 1, \cdots, m$.

Definición 12.10. *Dado un espacio métrico (M, d) y una familia de abiertos $(U_i)_{i \in \Lambda}$ de M tales que $M = \bigcup_{i \in \Lambda} U_i$. Un número de Lebesgue, relativo a esta familia de abiertos, es una constante positiva $\varepsilon > 0$ con la siguiente propiedad: todo subconjunto de M de diámetro menor que ε está incluido en algún abierto de la familia.*

Notemos que todo número menor que un número de Lebesgue también es un número de Lebesgue y además que no todo espacio métrico admite número de Lebesgue.

Ejemplo 12.11. El conjunto de los números reales $(\mathbb{R}, |\cdot|)$ no admite algún número de Lebesgue. En efecto, consideremos la siguiente familia de abiertos $\{(n, n+1)\} \cup \{(n - \varepsilon_n, n + \varepsilon_n)\}$ de $\mathbb{R}$, donde $\varepsilon_n \to 0$ cuando $|n| \to \infty$. Si existe $r > 0$ número de Lebesgue asociado a esta familia, entonces tomando bolas cerradas de radio $\frac{r}{3}$ centradas en números naturales cada una de estas bolas estará incluida en algún elemento de la familia de abiertos. Por otro lado, existe n_0 tal que $\varepsilon_{n_0} < \frac{r}{3}$, por tanto $B[n_0, r] \not\subset (n_0 - \varepsilon_{n_0}, n_0 + \varepsilon_{n_0})$, absurdo.

Mostraremos a continuación una condición suficiente para la existencia de números de Lebesgue para un espacio métrico.

Teorema 12.12. *Todo espacio métrico compacto admite números de Lebesgue.*

Prueba. En efecto, supongamos que un espacio compacto (M, d) no admita número de Lebesgue alguno. Entonces, existe una familia de abiertos $(U_k)_{k \in \Lambda}$ cuya unión es M tal que para cada $n \in \mathbb{N}$ existe un subconjunto $A_n \subset M$ tal que $diam(A_n) < \frac{1}{n}$ y que no está contenido en ningún elemento de la familia de abiertos. Esta última condición implica que A_n es no vacío para cada $n \in \mathbb{N}$. Existe por tanto una secuencia $(x_n)_{n\in\mathbb{N}}$ tal que $x_n \in A_n$, por la compacidad, existen $(x_{\rho(n)})_{n\in\mathbb{N}}$ y $x \in M$ tales que $d(x_{\rho(n)}, x) \to 0$; por la propiedad de la familia, existe U_k tal que $x \in U_k$ y por tanto podemos encontrar un $r > 0$ tal que $B(x, r) \subset U_k$. Además, de la convergencia de la subsecuencia existe $N \in \mathbb{N}$ que podemos suponer tan grande que satisface

$$\tfrac{1}{N} < \tfrac{r}{2} \text{ y tal que } d(x_{\rho(n)}, x) < \tfrac{r}{2} \text{ para cada } n \geq N.$$

Con todo esto, afirmamos que $A_{\rho(N)} \subset U_k$. Sea $w \in A_{\rho(N)}$ entonces

$$d(w, x) \leq d(w, x_{\rho(N)}) + d(x_{\rho(N)}, x) < diam(A_{\rho(N)}) + \frac{r}{2},$$

luego $d(w, x) < \frac{1}{\rho(N)} + \frac{r}{2} \leq \frac{1}{N} + \frac{r}{2} < r$. Entonces $A_{\rho(N)} \subset U_k$ y esto es una contradicción. □

Ejercicios

12.1 Pruebe que un conjunto compacto en un espacio métrico es cerrado y limitado.

12.2 Sea $(M_i, d_i)_{i\in\mathbb{N}}$ una familia de espacios métricos. Si denotamos al espacio producto de esta familia como

$$\prod_{i=1}^{\infty} M_i = \{(x_n)_{n\in\mathbb{N}} : x_n \in M_n\},$$

entonces pruebe que:

(a) La asignación

$$D((x_n), (y_n)) = \sum_{i=1}^{\infty} \frac{1}{2^i} \frac{d_i(x_i, y_i)}{1 + d_i(x_i, y_i)},$$

define una métrica en $\prod_{i=1}^{\infty} M_i$.

(b) El espacio $(\prod_{i=1}^{\infty} M_i, D)$ es completo si y solo si cada (M_i, d_i) es completo.

(c) El espacio $(\prod_{i=1}^{\infty} M_i, D)$ es compacto si y solo si cada (M_i, d_i) es compacto.

12.3 Pruebe que un subespacio de dimensión finita de un espacio vectorial normado es completo y por tanto cerrado.

12.4 Sea $f : (M, d_M) \to (N, d_N)$ una aplicación continua donde (M, d_M) es compacto. Si $(U_k)_{k\in\Lambda}$ es una familia de abiertos de N cuya unión es N, entonces existe un $\alpha > 0$ tal que para cada subconjunto $A \subset M$ con $diam(A) < \alpha$ es posible encontrar un U_k satisfaciendo $f(A) \subset U_k$.

12.5 Pruebe que un espacio métrico compacto (M, d) es conexo si y solo si para cada $a, b \in M$ y cualquier $\delta > 0$ existen $a = p_0, p_1, \cdots, p_k = b$ tales que $d(p_i, p_{i+1}) < \delta$.

13. Algunas aplicaciones

13.1. Compacidad y dimensión. En el Ejemplo 12.5, probamos que en el espacio $(\mathcal{C}([0,1],\mathbb{R}), d)$ la bola unitaria cerrada centrada en el origen no es compacta. Notemos además que $\mathcal{C}([0,1],\mathbb{R})$ es un espacio vectorial normado con $\|f\| = d(f, 0)$. Por consiguiente, el mencionado ejemplo muestra un espacio vectorial normado donde la bola cerrada unitaria centrada en el origen no es compacta. Lo cual es un caso particular de un resultado asociado a la dimensión infinita del espacio.

Teorema 13.1. *La bola unitaria cerrada de un espacio vectorial normado es compacta si y solo si la dimensión del espacio es finita.*

Prueba. Es claro que basta probar una implicación. Sea (E, d) un espacio vectorial normado donde d es la métrica asociada a la norma. Supongamos que la bola cerrada $B_d[0, 1]$ es compacta. Como $\{B(x, \frac{1}{2})\}_{x\in B_d}$ es una familia de abiertos cuya unión contiene a B_d, sea $r \in (0, \frac{1}{2})$ un número de Lebesgue asociado a $\{B(x, \frac{1}{2}) \cap B_d[0,1]\}_{x\in B_d}$. Por otro lado, B_d es totalmente acotado por lo cual existen $x_1, ..., x_n \in B_d$ tales que

$$B_d \subset B(x_1, r) \cup \cdots \cup B(x_n, r) \subset B(x_1, \tfrac{1}{2}) \cup \cdots \cup B(x_n, \tfrac{1}{2}).$$

De la estructura vectorial se tiene que $B(x_i, \frac{1}{2}) = x_i + \frac{1}{2}B(0, 1)$, entonces

$$B(0,1) \subset B_d \subset Y + \tfrac{1}{2}B(0,1),$$

donde $Y = \text{span}\{x_1, ..., x_n\}$. Usando la inclusión $B(0,1) \subset Y + \frac{1}{2}B(0,1)$ recursivamente podemos probar que

$$B(0,1) \subset Y + \tfrac{1}{2^n}B(0,1) = Y + B(0, \tfrac{1}{2^n}), \quad \text{para todo } n \in \mathbb{N}.$$

Por lo cual cada elemento $x \in B(0,1)$ es de la forma

$$x = y_n + x_n \text{ con } y_n \in Y \text{ y } x_n \in B(0, \tfrac{1}{2^n}).$$

Dado que $d(x_n, 0) \to 0$, podemos concluir que $d(y_n, x) \to 0$ entonces $x \in Y$, puesto que todo espacio vectorial de dimensión finita es cerrado. Esto prueba que $B(0,1) \subset Y$, lo que implica que $E \subset Y$; para ver esto tome $z \in E \setminus \{0\}$, entonces $\frac{z}{2d(z,0)} \in B(0,1)$ de donde $z \in Y$. Así, obtenemos que

$$\dim E \leq \dim Y = n < \infty.$$

□

13.2. Isometrías sobreyectivas. Analicemos a continuación un tipo de aplicaciones que preservan la estructura métrica, es decir, tornan indistinguibles desde el punto de vista métrico a dos espacios.

Definición 13.2. *Una aplicación $f : (M, d_M) \to (N, d_N)$ es una isometría entre (M, d_M) y (N, d_N) si satisface que*

$$d_N(f(x), f(y)) = d_M(x, y) \text{ para todos } x, y \in M.$$

Nótese que f es continua (Lipschitz) e inyectiva. Sin embargo, en general una isometría de un mismo espacio no es sobreyectiva.

Ejemplo 13.3. Considere $f : (\mathbb{N}, d) \to (\mathbb{N}, d)$ tal que $f(n) = n + 2$ y d es la métrica inducida por una norma en $\mathbb{R}$. Entonces f es una isometría, mas no es sobreyectiva.

El siguiente ejemplo muestra, en particular, que la compacidad garantiza la sobreyectividad de una isometría de un espacio en sí mismo.

Proposición 13.4. *Sea $f : (M, d) \to (M, d)$ una isometría no expansora en un espacio métrico compacto M, es decir, tal que*

$$d(f(x), f(y)) \geq d(x, y) \text{ para cada } x, y \in M.$$

Entonces f es un homeomorfismo.

Prueba. Basta probar que f es sobreyectiva. Dado $z \in M$, definamos una secuencia $(x_n)_{n\in\mathbb{N}}$ de modo tal que $x_1 = z$ y $x_{n+1} = f(x_n)$. Por la compacidad de M existe una subsecuencia $(x_{\rho(k)})_{k\in\mathbb{N}}$ convergente, y en particular de Cauchy, por tanto

$$d(f^{\rho(k+1)-\rho(k)}(z), z) \leq d(f^{\rho(k+1)}(z), f^{\rho(k)}(z)) = d(x_{\rho(k+1)}, x_{\rho(k)}) \to 0.$$

Dado que $\rho(k+1) - \rho(k) \geq 1$, lo anterior nos dice que $d(f(y_k), z) \to 0$ donde $y_k = x_{\rho(k+1)-\rho(k)-1}$. Esto es, la secuencia $(f(y_k))_{k\in\mathbb{N}}$ es convergente, por tanto, de Cauchy y por la no expansividad $(y_k)_{k\in\mathbb{N}}$ también es de Cauchy; por ende, convergente en el compacto M. Así, existe $w \in M$ tal que $d(y_k, w) \to 0$. Finalmente, por la continuidad de la aplicación $x \mapsto d(f(x), z)$, obtenemos que

$$0 = \lim_{k\to\infty} |d(f(y_k), z) - d(f(w), z)| = d(f(w), z).$$

Por consiguiente $z = f(w)$, lo cual muestra la sobreyectividad de f. □

13.3. Una aplicación a la distinción topológica. En el Ejemplo 6.5 se muestrá que $\mathbb{R}^{n+1}\setminus\{0\} \simeq \mathbb{S}^{n,p}\times\mathbb{R}$ y se mencionó que también se satisface $\mathbb{R}^n\setminus\{0\} \not\simeq \mathbb{R}^n$ para $n \geq 2$. Sin embargo, las pruebas clásicas de esta afirmación usualmente pasan por las herramientas de la Topología Algebraica y el Álgebra Homológica. Recientemente, usando la noción de Compacidad, se publicó una prueba elemental de esta afirmación (ver [**20**]).

Teorema 13.5. *Para todo $n \geq 2$, se tiene que $\mathbb{R}^n$ no es homeomorfo a $\mathbb{R}^n \setminus \{0\}$ relativamente a cualquier métrica que provenga de una norma.*

Prueba. Supongamos exista tal homeomorfismo $F : (\mathbb{R}^n \setminus \{0\}, d) \to (\mathbb{R}^n, d)$. Dado que la esfera unitaria $\mathbb{S} = \{z \in \mathbb{R}^n : d(z, 0) = 1\}$ es compacta, $F(\mathbb{S})$ también es compacta y por tanto limitada. Entonces, existe $L > 0$ tal que $diam(F(\mathbb{S})) \leq L$. Fijando $s_0 \in \mathbb{S}$ y haciendo $\rho = d(F(s_0), 0) + L$, se obtiene que $F(\mathbb{S}) \subset B[0, \rho]$. El conjunto $F^{-1}(B[0, \rho])$ es compacto y no contiene al origen por lo cual es posible tomar una bola centrada en el origen con radio menor que 1 y disjunta de $F^{-1}(B[0, \rho])$. Entonces, existe $x \in \mathbb{R}^n \setminus \{0\}$ tal que $d(x, 0) < 1$ y $F(x) \notin B[0, \rho]$ es decir $d(F(x), 0) > \rho$. A su vez, existe $r > 1$ tal que $F^{-1}(B[0, \rho]) \subset B[0, r]$, entonces, tomando $y \notin B[0, r]$ se tiene que $y \in \mathbb{R}^n \setminus \{0\}$, $d(y, 0) > 1$ y $F(y) \notin B[0, \rho]$ de donde $d(F(y), 0) > \rho$. Tome una función continua $\gamma : [0, 1] \to (\mathbb{R}^n, d)$ cuya imagen verifica $\gamma([0, 1]) \cap B[0, \rho] = \emptyset$ y además $\gamma(0) = F(x)$ y $\gamma(1) = F(y)$. Notemos que la aplicación compuesta $F^{-1} \circ \gamma : [0, 1] \to \mathbb{R}^n \setminus \{0\}$ es continua y por consiguiente también lo es la función real

$$\begin{aligned} H : \ [0,1] &\longrightarrow \mathbb{R} \\ t &\mapsto d(F^{-1}(\gamma(t)), 0). \end{aligned}$$

Además $H(0) = d(x, 0) < 1$ y $H(1) = d(y, 0) > 1$, luego por el Teorema del Valor Intermedio, existe $t_0 \in [0, 1]$ tal que $1 = H(t_0) = d(F^{-1}(\gamma(t_0)), 0)$ de donde $F^{-1}(\gamma(t_0)) \in \mathbb{S}$ y entonces $\gamma(t_0) \in F(\mathbb{S}) \subset B[0, \rho]$, lo cual es absurdo por la elección de γ. □

13.4. Puntos fijos de tipo Kannan. Finalizamos este capítulo con un resultado que extiende el criterio de Kannan para la obtención de puntos fijos atractores.

Teorema 13.6. *Sea (M, d) un espacio métrico compacto y sea $T : M \to M$ una aplicación continua tal que*

$$d(T(x), T(y)) < \frac{1}{2}[d(x, T(x)) + d(y, T(y))], \tag{4}$$

para cada $x, y \in M$ con $x \neq y$. Entonces, T admite un único punto fijo atractor.

Prueba. Consideremos la aplicación $f : M \to [0, \infty)$ tal que $f(x) = d(x, T(x))$. Por la continuidad de f y la compacidad de M, existe $x_0 \in M$ tal que $f(x_0) = \inf\{f(x) : x \in M\}$. Afirmamos que $x_0 \in Fix(T)$. Supongamos que $x_0 \neq T(x_0)$, entonces por (4) se tiene que

$$d(T(x_0), T^2(x_0)) < \frac{1}{2}[d(x_0, T(x_0)) + d(T(x_0), T^2(x_0))],$$

de donde $d(T(x_0), T^2(x_0)) < d(x_0, T(x_0))$ y por lo tanto $f(T(x_0)) < f(x_0)$ lo cual es una contradicción. Además, usando (4), es posible mostrar que $Fix(T) = \{x_0\}$. Veamos ahora que x_0 es un punto fijo atractor. Dado $x \in M$, debemos mostrar que la secuencia $\{x_n = T^n(x)\}$ converge a x_0. Si $x_{n_0} = x_0$ para algún $n_0 \in \mathbb{N}$, entonces $x_n = x_0$ para cada $n \geq n_0$ de donde se sigue el resultado. Luego podemos suponer que $x_n \neq x_0$ para todo n. Por otro lado, usando (4), fijado n se cumple

$$d(T^{n+1}(x), T^n(x)) < \frac{1}{2}[d(T^n(x), T^{n+1}(x)) + d(T^{n-1}(x), T^n(x))],$$

por lo cual $d(T^{n+1}(x), T^n(x)) < d(T^n(x), T^{n-1}(x))$, lo que nos muestra que la secuencia $b_n = d(T^n(x), T^{n-1}(x))$ es decreciente. Además, al tratarse de una secuencia de números no negativos $\{b_n\}$ es convergente, esto es, existe $b \geq 0$ tal que $\lim_{n\to\infty} b_n = b$. Supongamos que $b > 0$. Por lo compacidad de M, la secuencia $\{T^{n-1}(x)\}$ contiene una subsecuencia $\{T^{n_k-1}(x)\}$ convergente, dígamos $d(T^{n_k-1}(x), z) \to 0$ donde $z \in M$. Luego usando la continuidad de T se tiene que

$$0 < b = \lim_{k\to\infty} b_{n_k} = \lim_{k\to\infty} d(T^{n_k}(x), T^{n_k-1}(x)) = d(T(z), z),$$

de donde z no es punto fijo de T. Lo cual implica $d(T^2(z), T(z)) < d(T(z), z) = b$, que es una contradicción, puesto que, $b = \lim_{k\to\infty} b_{n_k+1} = d(T^2(z), T(z))$. Así, $b = 0$. Finalmente, dado $n \in \mathbb{N}$, nuevamente por (4)

$$d(T^{n+1}(x), x_0) < \frac{1}{2}[d(T^n(x), T^{n+1}(x)) + d(x_0, T(x_0))] = \frac{1}{2}d(T^n(x), T^{n+1}(x)),$$

haciendo $n \to \infty$, se tiene $d(T^{n+1}(x), x_0) \to 0$. $\square$

Capítulo 3

Espacios Métricos Convexos

Extender la noción de convexidad para ambientes no lineales ha sido de gran interés para mostrar hasta qué punto las técnicas del Análisis Convexo y la Optimización pueden ser útiles. Diversos intentos se han realizado por ejemplo las dadas por Kirk [**13, 14**], Penot [**18**] and Takahashi [**23**], los cuales presentaron nociones de convexidad sobre espacio métricos. Más aún, sobre espacios topológicos pueden verse [**16**] y [**24**]. De todas estas nociones la dada por Takahashi es considerada la más sólida, ya que bajo la estructura convexa que se introduce en el espacio métrico, permanece invariante sobre las intersecciones y hace que las bolas sean convexas. Por otro lado, esta estructura convexa ha sido utilizada para extender resultados de puntos fijos en ambientes lineales como veremos más adelante.

Motivados por la relevancia de la estructura dada por Takahashi, en este capítulo estudiaremos las propiedades de los conjuntos W-convexos y las aplicaciones W-convexas. Finalmente, presentamos algunas aplicaciones a la teoría del punto fijo sobre espacio métricos convexos. El lector interesado en mayores detalles puede consultar las referencias adicionales [**2, 3, 6–12**] y [**21**].

1. Estructura convexa

Definición 1.1. *Una estructura convexa en un espacio métrico (M, d) es una aplicación continua de la forma $W : M \times M \times [0,1] \to M$, con la métrica del supremo D en $M \times M \times [0,1]$, que para cada $x, y \in M$ y $\lambda \in [0,1]$ satisface la siguiente propiedad*

$$d(u, W(x, y, \lambda)) \leq (1-\lambda)d(u, x) + \lambda d(u, y),$$

para todo $u \in M$. En este caso decimos que (M, W, d) es un espacio métrico convexo.

Así, cuando M es un espacio normado podemos definir la convexidad en el sentido clásico, como en el capítulo 1, y la convexidad vía una estructura convexa. La relación entre estas nociones será dada en el siguiente ejemplo.

Ejemplo 1.2. Todo espacio normado E, con la métrica inducida por la norma, admite una estructura convexa. En efecto; basta considerar $W : E \times E \times [0,1] \to E$ tal que $W(x, y, \lambda) = (1-\lambda)x + \lambda y$ para cada $x, y \in E$ y $\lambda \in [0,1]$. Sea $X_0 = (x_0, y_0, \lambda_0)$, veamos ahora la continuidad de W en dicho punto. Para esto, según la definición en $E \times E \times [0,1]$ debemos considerar la métrica

$$D((a_1, a_2, \alpha), (b_1, b_2, \beta)) = \max\{d(a_1, b_1), d(a_2, b_2), |\alpha - \beta|\}.$$

Dado $\varepsilon > 0$ y la terna $Y = (x, y, \lambda)$ tal que $D(Y, X_0) < \frac{\varepsilon}{1+\|x_0+y_0\|}$, luego

$$\begin{aligned} d(W(Y), W(X_0)) &= \|(1-\lambda)x + \lambda y - (1-\lambda_0)x_0 - \lambda_0 y_0\| \\ &= \|(1-\lambda)(x-x_0) + (\lambda-\lambda_0)(x_0+y_0) + \lambda(y-y_0)\| \\ &\leq (1-\lambda)\|x-x_0\| + |\lambda-\lambda_0|\|x_0+y_0\| + \lambda\|y-y_0\|, \end{aligned}$$

de donde

$$\begin{aligned} d(W(Y), W(X_0)) &\leq (1-\lambda)D(Y, X_0) + D(Y, X_0)\|x_0+y_0\| + \lambda D(Y, X_0) \\ &= D(Y, X_0)(1 + \|x_0+y_0\|) < \varepsilon. \end{aligned}$$

Lo cual muestra la continuidad de W. Resta probar que W satisface la condición de estructura convexa. Así, dado $u \in E$ se tiene que

$$\begin{aligned} d(u, W(x, y, \lambda)) &= \|(1-\lambda)x + \lambda y - u\| \\ &= \|(1-\lambda)(x-u) + \lambda(y-u)\| \\ &\leq (1-\lambda)\|x-u\| + \lambda\|y-u\| \\ &= (1-\lambda)d(u, x) + \lambda d(u, y). \end{aligned}$$

Por lo que (E, W, d) es un espacio métrico convexo.

Es natural esperar que la noción de espacio métrico convexo generalice la noción de convexidad clásica, esto es, existan espacios métricos convexos que no estén inmersos en un espacio normado. Previamente a dar dicho ejemplo, es necesario introducir algunas notaciones.

Sea (M,d) un espacio métrico, $A \subset M$ convexo y $\delta > 0$. El cuerpo $\delta-$paralelo a A, denotado por A_δ es el conjunto

$$A_\delta = \bigcup_{a \in A} B_d[a,\delta] = \{x \in M : d(x,A) \leq \delta\}.$$

A su vez, denotamos por 2_C^M al conjunto de los subconjuntos compactos de M. Con esto definimos la *métrica de Hausdorff* sobre 2_C^M (ver Ejercicio 1.1) como

$$d_H(A,B) = \inf\{\delta > 0 : A \subset B_\delta,\ B \subset A_\delta\}.$$

Ejemplo 1.3. Sea $\mathbb{B}$ el conjunto formado por las bolas de la forma $B_d[a,r]$, sobre la métrica usual de $\mathbb{R}^n$, con $a \in \mathbb{R}^n$ y $r > 0$. Entonces $\mathbb{B} \subset 2_C^{\mathbb{R}^n}$, por lo que podemos considerar el espacio métrico $(\mathbb{B}, d_H)$. Notemos que

$$d_H\left(B_d[a_1,r_1], B_d[a_2,r_2]\right) = \|a_1 - a_2\| + |r_1 - r_2|.$$

Queda como ejercicio para el lector probar esta última afirmación sobre la distancia de Hausdorff entre dos elementos de $\mathbb{B}$.

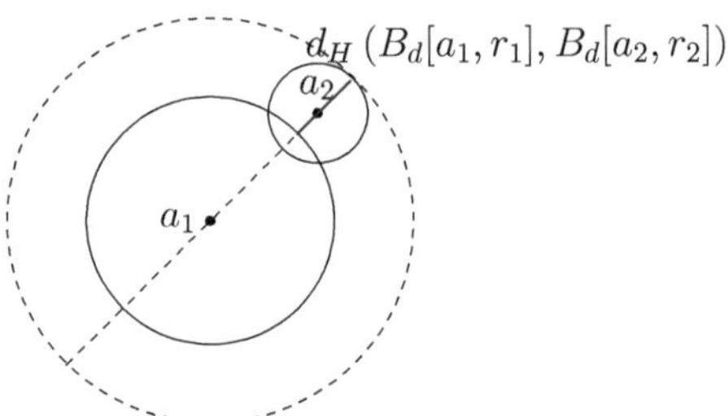

A continuación, probaremos que $\mathbb{B}$ admite una estructura convexa considerando para esto la aplicación $W : M \times M \times [0,1] \to M$ dada por

$$W\left(B_d[a_1,r_1], B_d[a_2,r_2], \lambda\right) = B_d[(1-\lambda)a_1 + \lambda a_2, (1-\lambda)r_1 + \lambda r_2],$$

para todo $a_i \in \mathbb{R}^n$, $r_i > 0$ y $\lambda \in [0,1]$. Veamos primeramente la continuidad de W al considerar en $M \times M \times [0,1]$ la métrica del supremo D. Para esto, dados $c_1, c_2 \in \mathbb{R}^n$ y $\beta \in \mathbb{R}$, en adelante denotaremos $c_\beta = (1-\beta)c_1 + \beta c_2$.

Sean $X = (B_d[a_1, r_1], B_d[a_2, r_2], \lambda_1)$ y $Y = (B_d[b_1, s_1], B_d[b_2, s_2], \lambda_2)$. Entonces

$$\begin{aligned} d_M(W(X), W(Y)) &= d_M(B_d[a_{\lambda_1}, r_{\lambda_1}],\ B_d[b_{\lambda_2}, s_{\lambda_2}]) \\ &= \|a_{\lambda_1} - b_{\lambda_2}\| + |r_{\lambda_1} - s_{\lambda_2}|. \end{aligned}$$

Reemplazando $a_{\lambda_1}, b_{\lambda_2}, r_{\lambda_1}$ y s_{λ_2} con la notación fijada

$$\begin{aligned} d_M(W(X), W(Y)) &= \|(1-\lambda_1)(a_1 - b_1) + (\lambda_2 - \lambda_1)(b_1 - b_2) + \lambda_1(a_2 - b_2)\| + \\ &\quad |(1-\lambda_1)(r_1 - s_1) + (\lambda_2 - \lambda_1)(s_1 - s_2) + \lambda_1(r_2 - s_2)|. \end{aligned}$$

Usando la desigualdad triangular, podemos mayorar la igualdad anterior con

$$\lambda_1(\|a_1 - b_1\| + |r_1 - s_1|) + |\lambda_2 - \lambda_1|(\|b_1 + b_2\| + s_1 + s_2) + (1-\lambda_1)(\|a_2 - b_2\| + |r_2 - s_2|),$$

o equivalentemente

$$\lambda_1 d_M(B[a_1, r_1], B[b_1, s_1]) + |\lambda_2 - \lambda_1|(\|b_1 + b_2\| + s_1 + s_2) + (1-\lambda_1) d_M(B[a_2, r_2], B[b_2, s_2]).$$

Por tanto, se obtienen las desigualdades

$$\begin{aligned} d_M(W(X), W(Y)) &\leq (1-\lambda_1)D(X,Y) + (\|b_1 - b_2\| + s_1 - s_2)D(X,Y) + \\ &\quad +\lambda_1 D(X,Y), \\ &\leq (\|b_1 - b_2\| + 3)D(X,Y). \end{aligned}$$

Esto muestra que W es continua en Y, ya que la constante que acompaña a $D(X,Y)$ es independiente de X. Finalmente, probemos que W satisface la propiedad de ser una estructura convexa. Sean $X_i = B_d[a_i, r_i]$ donde $i = 1, 2$, $U = B_d[a_3, r_3]$ y $\lambda \in [0, 1]$. Entonces $d_M(W(X_1, X_2, \lambda), U) = d_M(B_d[a_\lambda, r_\lambda],\ B_d[a_3, r_3])$, por lo tanto

$$\begin{aligned} d_M(B_d[a_\lambda, r_\lambda],\ B_d[a_3, r_3]) &= \|(1-\lambda_1)a_1 + \lambda_1 a_2 - a_3\| + |(1-\lambda_1)r_1 + \lambda_1 r_2 - r_3|, \\ &\leq (1-\lambda_1)\|a_1 - a_3\| + \lambda_1\|a_2 - a_3\| + (1-\lambda_1)|r_1 - r_3| \\ &\quad +\lambda_1|r_2 - r_3|, \\ &= (1-\lambda_1)(\|a_1 - a_3\| + |r_1 - r_3|) + \lambda_1(\|a_2 - a_3\| + |r_2 - r_3|) \\ &= (1-\lambda_1)d_M(X_1,\ U) + \lambda_1 d_M(X_2,\ U). \end{aligned}$$

De donde (M, W, d_M) es un espacio métrico convexo.

Ejercicios

1.1 Sea (M, d) un espacio métrico y sea $2_C^M = \{A \subset M : A \text{ es compacto}\}$. Probar que la asignación $d_H(A, B) = \inf\{\delta > 0 : A \subset B_\delta,\ B \subset A_\delta\}$ define una métrica en 2_C^M. Muestre además que si $A = \{(x, y) : (x+1)^2 + (y+1)^2 = 1\}$ y $B = \{(x, y) : (x-1)^2 + (y-1)^2 = 1\}$ entonces $d_H(A, B) = 2\sqrt{2} - 2$.

1.2 Sea $\mathcal{F}$ la familía de intervalos cerrados contenidos en $[0, 1]$. Pruebe que si dados $I_j = [a_j, b_j]$ y $\lambda \in [0, 1]$ con $j = 1, 2$, entonces la aplicación

$$W(I_1, I_2, \lambda) = [\lambda a_1 + (1-\lambda)a_2, \lambda b_1 + (1-\lambda)b_2],$$

define una estructura convexa en $\mathcal{F}$ cuando sobre este se considera la métrica de Hausdorff.

1.3 Sea $\mathcal{C} = \{(x, y) : x^2 + y^2 = 1, x, y > 0\}$ la semi-circunferencia superior con la métrica inducida por el plano. Estudie si $W(x, y, \lambda) = \frac{(1-\lambda)x + \lambda y}{\|(1-\lambda)x + \lambda y\|}$ para cada $x, y \in \mathcal{C}$ y $\lambda \in [0, 1]$ define una estructura convexa en $\mathcal{C}$.

2. Conjuntos W-convexos

Definición 2.1. *Un subconjunto C de un espacio métrico convexo (M, W, d) se dice W-convexo si para cada $x, y \in C$ y $\lambda \in [0, 1]$ se tiene $W(x, y, \lambda) \in C$.*

Note que si C es un subconjunto convexo de un espacio normado E, entonces C es también W-convexo al considerar en E la estructura convexa W dada en el Ejemplo 1.2. Así, las bolas abiertas y cerradas en un espacio normado son conjuntos W-convexos. Sin embargo, en un espacio métrico general M no es cierto que dichas bolas sean convexas, basta considerar un conjunto infinito y la métrica discreta en él, en cuyo caso estas bolas son solo conjuntos finitos.

Veremos que en el caso de los espacio métricos convexos la situación es diferente.

Ejemplo 2.2. En todo espacio métrico convexo (M, W, d), las bolas abiertas y cerradas son W-convexas. En efecto; haremos la prueba únicamente para la bola abierta $C = B(a, \delta)$. Sean $x, y \in C$ y $\lambda \in [0, 1]$. Luego

$$d(a, W(x, y, \lambda)) \leq (1-\lambda)d(a, x) + \lambda d(a, y) < (1-\lambda)\delta + \lambda\delta = \delta,$$

por tanto $W(x, y, \lambda) \in C$, en consecuencia, C es W-convexo.

Presentaremos ahora una equivalencia. Dado $A \subset M$, denotemos

$$\widetilde{W}(A) = \{W(x, y, \lambda) : x, y \in A,\ \lambda \in [0, 1]\},$$

lo cual induce la asignación $\widetilde{W} : \mathcal{P}(M) \to \mathcal{P}(M)$ que satisface las siguientes propiedades

(i) $A \subset \widetilde{W}(A)$, para cada $A \in \mathcal{P}(M)$.

(ii) Si $A \subset B$, entonces $\widetilde{W}(A) \subset \widetilde{W}(B)$ para todo $A, B \in \mathcal{P}(M)$.

(iii) $\widetilde{W}(A \cap B) \subset \widetilde{W}(A) \cap \widetilde{W}(B)$ para cualesquiera $A, B \in \mathcal{P}(M)$.

Usando estas propiedades podemos probar que

Proposición 2.3. *Un subconjunto A de un espacio métrico convexo (M, W, d) es W-convexo si y solo si $\widetilde{W}(A)$ está contenido en A.*

Finalizamos esta sección con un importante resultado que nos será de utilidad en las futuras secciones.

Proposición 2.4. *Sea $\{C_\alpha\}_{\alpha \in \Lambda}$ una familia de subconjuntos W-convexos de M, entonces $\bigcap_{\alpha \in \Lambda} C_\alpha$ es W-convexo.*

Prueba. Dado $\alpha \in \Lambda$, se sabe que $\bigcap_{\beta \in \Lambda} C_\beta \subset C_\alpha$, entonces usando las propiedades de $\widetilde{W}$ obtenemos que

$$\widetilde{W}\left(\bigcap_{\beta \in \Lambda} C_\beta\right) \subset \widetilde{W}(C_\alpha) \subset C_\alpha.$$

Así, el conjunto $\bigcap_{\alpha \in \Lambda} C_\alpha$ es W-convexo. □

Ejercicios

2.1 Demuestre la Proposición 2.3.

2.2 Sea (M_i, W_i, d_i) espacios métricos convexos donde $i = 1, 2$. Pruebe que si en $M_1 \times M_2$ se considera la métrica

$$d((x_1, y_1), (x_2, y_2)) = d_1(x_1, x_2) + d_2(y_1, y_2),$$

entonces $W((x_1, y_1), (x_2, y_2), \lambda) = W_1(x_1, y_1, \lambda) + W_2(x_2, y_2, \lambda)$ define una estructura convexa en $M_1 \times M_2$. Además, si A_1 y A_2 son conjunto convexos en M_1 y M_2 respectivamente, entonces $A_1 \times A_2$ es W-convexo.

3. Propiedades

Ahora presentamos algunas propiedades inducidas por la presencia de una estructura convexa.

Teorema 3.1. *Sea (M, W, d) un espacio métrico convexo. Para cada $x, y \in X$ se verifican las siguientes propiedades:*

(1) $d(x, y) = d(x, W(x, y, \lambda)) + d(y, W(x, y, \lambda))$ *para todo* $\lambda \in [0, 1]$.

(2) $d(x, W(x, y, \lambda)) = \lambda d(x, y)$.

(3) $d(y, W(x, y, \lambda)) = (1 - \lambda)d(x, y)$.

(4) $d(W(x, y, \lambda_1), W(x, y, \lambda_2)) \leq (\lambda_1 + \lambda_2)d(x, y)$ *para todo* $\lambda_1, \lambda_2 \in [0, 1]$.

Prueba. Sean $x, y \in M$. Con la finalidad de probar el item (1), consideremos $\lambda \in [0, 1]$. Notemos que por la definición de estructura convexa

$$d(x, W(x, y, \lambda)) \leq (1 - \lambda)d(x, x) + \lambda d(x, y) = \lambda d(x, y),$$

análogamente $d(y, W(x, y, \lambda)) \leq (1 - \lambda)d(y, x)$. Luego, dado que $W(x, y, \lambda) \in M$, podemos usar la desigualdad triangular para obtener

$$\begin{aligned} d(x, y) &\leq d(x, W(x, y, \lambda)) + d(W(x, y, \lambda), y), \\ &\leq \lambda d(x, y) + (1 - \lambda)d(y, x) = d(x, y). \end{aligned}$$

Entonces $d(x, y) = d(x, W(x, y, \lambda)) + d(W(x, y, \lambda), y)$. Probemos el item (2), supongamos que se satisface $d(x, W(x, y, \lambda)) < \lambda d(x, y)$. Sumando en ambos lados de esta desigualdad $d(y, W(x, y, \lambda))$, obtenemos

$$d(x, W(x, y, \lambda)) + d(y, W(x, y, \lambda)) < \lambda d(x, y) + d(y, W(x, y, \lambda)),$$

y dado que $d(y, W(x, y, \lambda)) \leq (1 - \lambda)d(y, x)$, nos queda

$$d(x, W(x, y, \lambda)) + d(y, W(x, y, \lambda)) < \lambda d(x, y) + (1 - \lambda)d(y, x) = d(x, y).$$

Lo cual contradice el item (1). En consecuencia, $d(x, W(x, y, \lambda)) = \lambda d(x, y)$. La prueba del item (3) es inmediata del item (1) y (2). Para probar el item (4), usaremos los items (2) y (3). Sean $\lambda_1, \lambda_2 \in [0, 1]$,

$$\begin{aligned} d(W(x, y, \lambda_1), W(x, y, \lambda_2)) &\leq (1 - \lambda_2)d(W(x, y, \lambda_1), x) + \lambda_2 d(W(x, y, \lambda_1), y), \\ &= (1 - \lambda_2)\lambda_1 d(x, y) + \lambda_2(1 - \lambda_1)d(x, y), \\ &\leq (\lambda_1 + \lambda_2)d(x, y). \end{aligned}$$

□

Como consecuencia directa de estos resultados tenemos, usando los items (1) y (2), que para cada $x, y \in M$ se verifican

$$W(x, y, 0) = x, \quad W(x, y, 1) = y.$$

Además, para cada $\lambda \in [0, 1]$ se tiene

$$W(x, x, \lambda) = x.$$

Finalizamos esta sección haciendo especial hincapié en las diferencias que surgen en los espacio métricos convexos, respecto de los convexos clásicos.

Sea (E, W, d) es un espacio normado convexo, esto es, E es normado y la estructura convexa es dada por $W(x, y, \lambda) = \lambda x + (1 - \lambda)y$ para cada $x, y \in E$ y $\lambda \in [0, 1]$. Entonces, fijados $x_0, y_0 \in E$ el *W-segmento* dado por

$$[x_0, y_0]_W = \{W(x_0, y_0, \lambda) : \lambda \in [0, 1]\},$$

es W-convexo, ya que es convexo en el sentido clásico. Además, es simétrico, en el sentido que

$$W(x, y, \lambda) = W(y, x, 1 - \lambda),$$

para cada $x, y \in E$ y $\lambda \in [0, 1]$. Sin embargo, sobre un espacio métrico convexo (M, W, d) dicho segmento no presenta esta simetría ni tampoco W-convexo. Lo que sí es posible afirmar es que $[x_0, y_0]_W$ es conexo y compacto usando la Proposición 11.6 y el Ejemplo 12.7 respectivamente.

Ejercicios

3.1 Pruebe que en un espacio normado convexo (E, W, d) la estructura convexa admite cierta noción de simetría, es decir

$$W(x, y, \lambda) = W(y, x, 1 - \lambda),$$

para cada $x, y \in E$ y $\lambda \in [0, 1]$.

3.2 Pruebe que en un espacio métrico convexo (M, W, d) se verifica

$$d(W(x, y, \lambda),\ W(y, x, 1 - \lambda)) \leq 2\lambda(1 - \lambda)d(x, y),$$

para cada $x, y \in E$ y $\lambda \in [0, 1]$.

4. Envoltura W-convexa

La Proposición 2.4 nos permite definir, al igual que en el Análisis Convexo clásico, el menor conjunto W-convexo que contiene a un determinado conjunto.

Definición 4.1. *Sea (M, W, d) un espacio métrico convexo. La envoltura W-convexa de un conjunto A, dentro de M, es la intersección de todos los conjuntos W-convexos conteniendo A, y es denotado por $conv(A)$.*

Note que si consideremos la intersección de los conjuntos W-convexos *cerrados* contieniendo A obtenemos la envoltura W-convexa *cerrada* de A, que denotaremos por $\overline{conv}(A)$. El cual trivialmente es un conjunto W-convexo y cerrado.

A diferencia del caso clásico, no podemos caracterizar la envoltura W-convexa de un conjunto en función de su estructura convexa W, es decir, en general para cualquier subconjunto $A \subset M$ solo se verifica

$$\widetilde{W}(A) = \{W(x, y, \lambda) : x, y \in A, \lambda \in [0, 1]\} \subset conv(A),$$

y este contenido puede ser estricto. Con respecto a esto, note que si A es un conjunto W-convexo, entonces para cada $n \in \mathbb{N}$ se tiene que

$$\widetilde{W}^n(A) = \widetilde{W}(\widetilde{W}(\widetilde{W}(A) \cdots)) \subset A.$$

Si denotamos ahora para cualquier subconjunto A en M

$$A_n = \widetilde{W}^n(A),$$

entonces, por la observación anterior, esta secuencia $\{A_n\}_{n\in\mathbb{N}}$ es creciente con todos sus elementos contenidos en $conv(A)$.

Proposición 4.2. *Sea (M, W, d) un espacio métrico convexo. Para todo $A \subset M$, se verifica*

$$conv(A) = \bigcup_{n\in\mathbb{N}} A_n.$$

Prueba. Dados $x, y \in \bigcup_{n\in\mathbb{N}} A_n$, existe un n_0, natural, tal que $x, y \in A_{n_0}$. En consecuencia, para $\lambda \in [0, 1]$, $W(x, y, \lambda) \in \widetilde{W}(A_{n_0}) = A_{n_0+1} \subset \bigcup_{n\in\mathbb{N}} A_n$. Entonces $\bigcup_{n\in\mathbb{N}} A_n$ es convexo, además contiene a A, por lo tanto $conv(A) \subset \bigcup_{n\in\mathbb{N}} A_n$. Por otro lado, de $A \subset conv(A)$ se tiene que $\widetilde{W}^n(A) \subset conv(A)$ para cada $n \in \mathbb{N}$, esto es, $\bigcup_{n\in\mathbb{N}} A_n \subset conv(A)$. Por consiguiente, $conv(A) = \bigcup_{n\in\mathbb{N}} A_n$. □

Como consecuencia de este resultado podemos obtener una caracterización de la noción de W-convexidad de un conjunto.

Corolario 4.3. *Un subconjunto A de M es W-convexo si y solo si $conv(A) = A$.*

Ahora presentamos un resultado un resultado relacionado al diámetro de un conjunto.

Teorema 4.4. *Para todo subconjunto A de M se cumple*

$$diam(conv(A)) = diam(A).$$

Prueba. Dado que $A \subset conv(A)$, entonces $diam(A) \leq diam(conv(A))$. Resta probar la desigualdad contraria. Sean $x, y \in conv(A)$. Note que si $\{x, y\} \subset A$, entonces $d(x, y) \leq diam(A)$. Por lo que, podemos asumir que $x \in conv(A)$ e $y \in A$. Por la Proposición 4.2, existe $n_0 \in \mathbb{N}$ tal que $x \in \widetilde{W}^{n_0}(A)$. Así, existen $x_1, x_2 \in \widetilde{W}^{n_0-1}(A)$ y $\lambda \in [0, 1]$ tales que $x = W(x_1, x_2, \lambda_1)$, entonces

$$d(y, x) = d(y, W(x_1, x_2, \lambda)) \leq (1 - \lambda)d(y, x_1) + \lambda d(y, x_2). \tag{5}$$

Si $n_0 - 1 > 0$, análogamente, podemos obtener z_1^i, z_2^i en $\widetilde{W}^{n_0-2}(A)$ y $\alpha_i \in [0, 1]$, donde $i = 1, 2$, que verifican

$$d(y, x_i) = d(y, W(z_1^i, z_2^i, \alpha_i)) \leq (1 - \alpha_i)d(y, z_1^i) + \alpha_i d(y, z_2^i).$$

Reemplazando en (5),

$$d(y, x) \leq (1 - \lambda)((1 - \alpha_1)d(y, z_1^1) + \alpha_1 d(y, z_2^1)) + \lambda((1 - \alpha_2)d(y, z_1^2) + \alpha_2 d(y, z_2^2)).$$

Note que los números, $(1 - \lambda)(1 - \alpha_1), (1 - \lambda)\alpha_1$ y $\lambda(1 - \alpha_2), \lambda\alpha_2$ están en $[0, 1]$ y suman 1. De esta forma, podemos obtener un subconjunto finito $\{x_i\}_{i\in\Lambda}$ en A y

$$\{\alpha_i\}_{i\in\Lambda},\ \alpha_i \geq 0,\ \sum_{i\in\Lambda} \alpha_i = 1,$$

tales que $d(y, x) \leq \sum_{i\in\Lambda} \alpha_i d(y, x_i)$. Además, ya que para cada $i \in \Lambda$ se cumple $d(y, x_i) \leq diam(A)$ y por lo tanto $d(y, x) \leq diam(A)$. □

Un espacio métrico convexo se dice que tiene la *propiedad* (C) si cada secuencia decreciente de subconjuntos convexos, acotados y no vacíos, tienen intersección no vacía.

Definición 4.5. *Un espacio métrico convexo (M, W, d) se dice uniformemente convexo si para cada $\varepsilon > 0$ existe $\alpha \in (0,1)$ tal que para cada $r > 0$ y $x, y, z \in X$ con $d(z,x) \leq r$, $d(z,y) \leq r$ y $d(x,y) \geq r\varepsilon$ se tiene $d(z, W(x,y,1/2)) \leq r(1-\alpha)$.*

Todo espacio de Banach uniformemente convexo es uniformemente convexo en el sentido métrico al considerar la estructura convexa inducida por la norma.

Ejemplo 4.6. Sea $(H, \langle \cdot, \cdot \rangle)$ un espacio de Hilbert y sea M un subconjunto no vacío de $\{x \in H : \langle x, x\rangle = 1\}$ tal que si $x, y \in M$ y $\alpha, \beta \in [0,1]$ con $\alpha + \beta = 1$, entonces $(\alpha x + \beta y)/\|\alpha x + \beta y\|$ y $diam(M) \leq \sqrt{2}/2$. Dados $x, y \in M$ la asignación $d(x,y) = \cos^{-1}(\langle x, y\rangle)$ define una métrica en M que se torna en un espacio métrico convexo al considerar la estructura dada por $W(x,y,\lambda) = (\lambda x + (1-\lambda)y)/\|\lambda x + (1-\lambda)y\|$.

Teorema 4.7. *Si (M, W, d) es un espacio métrico completo y uniformemente convexo, entonces tiene la propiedad (C).*

Prueba. Sea $\{K_n\}$ una secuencia decreciente de subconjuntos convexos, acotados y no vacíos. Si para algún $n \in \mathbb{N}$ se tiene que $diam(K_n) = 0$, entonces $K_m = \{a\}$ para cada $m \geq n$. Luego trivialmente se cumple la propiedad (C). Por tanto, supondremos que $diam(K_n) > 0$ para cada n, de este modo existen $x_n, y_n \in K_n$ tales que $d(x_n, y_n) \geq diam(K_n)/2$. Por otro lado, dado que $d(z, x_n) \leq diam(K_n)$, $d(z, y_n) \leq diam(K_n)$ para cada $z \in K_n$ y la uniformidad convexa de M, existe $\alpha \in (0,1)$ tal que

$$d(z, W(x_n, y_n, 1/2)) \leq diam(K_n)(1-\alpha),$$

para cada $z \in K_n$. Haciendo $u_n^1 = W(x_n, y_n, 1/2) \in K_n$, se tiene que $d(z, u_n^1) \leq diam(K_n)(1-\alpha)$ para cada $z \in K_n$. Definamos

$$K_n^1 = \{u_n^1, u_{n+1}^1, u_{n+2}^1, \cdots\}.$$

Luego $\{K_n^1\}$ es una secuencia decreciente de subconjuntos no vacíos. Nuevamente, podemos asumir que $diam(K_n^1) > 0$ para cada $n \in \mathbb{N}$. Entonces existen $a_n, b_n \in K_n^1$ tales que $d(a_n, b_n) \geq diam(K_n^1)/2$. Consideremos el conjunto

$$B_n^1 = \bigcap_{k=0}^{\infty} B[u_{n+k}^1, diam(K_n^1)].$$

Notemos que cada elemento de esta intersección contiene al conjunto K_n^1 ya que $u_{n+k}^1 \in K_n^1$ para cada $k \geq 0$; en consecuencia, $\overline{conv}(K_n^1) \subset B_n^1$. Además, $d(z, a_n) \leq diam(K_n^1)$, $d(z, b_n) \leq diam(K_n^1)$ para cada $z \in \overline{conv}(K_n^1)$. Usando nuevamente la uniformidad convexa de M, podemos encontrar un $u_n^2 \in \overline{conv}(K_n^1) \subset K_n$ tal que

$$d(z, u_n^2) \leq diam(K_n^1)(1-\alpha) \leq diam(K_n)(1-\alpha)^2 \text{ para cada } z \in \overline{conv}(K_n^1).$$

De igual modo, podemos obtener los conjuntos $\overline{conv}(K_n^2), \overline{conv}(K_n^3), \cdots$ y elementos $u_n^3, u_n^4, \cdots$ los cuales verifican

$$K_n \supset \overline{conv}(K_n^2) \supset \overline{conv}(K_n^3) \supset \cdots \text{ y } diam(\overline{conv}(K_n^m)) \to 0 \text{ cuando } m \to \infty.$$

Por la completitud de M, existe $u_n \in M$ tal que $\bigcap_{m=1}^{\infty} \overline{conv}(K_n^m) = \{u_n\}$ para cada $n \in \mathbb{N}$. Como la secuencia $\{\overline{conv}(K_n^m)\}_{n\in\mathbb{N}}$ es decreciente, entonces $u_1 = u_2 = u_3 = \cdots$. Por lo tanto, existe $u \in M$ tal que $u \in K_n$ para cada n, de modo que $\bigcap_{n\in\mathbb{N}} K_n \neq \emptyset$. □

Finalizamos esta sección con un resultado de Geometría Convexa. Sea A un subconjunto compacto de M. Dado $x \in M$, denotamos

$$r_x(A) = \sup\{d(x,y) : y \in A\},$$

$$r(A) = \inf\{r_x(A) : x \in A\}.$$

Diremos que $A_C = \{x \in A : r_x(A) = r(A)\}$ es el *centro* de A.

Ejemplo 4.8. Si A es un conjunto finito equidistante, esto es, existe un $\alpha > 0$ tal que si $x, y \in A$ entonces $d(x,y) = \alpha$ o $d(x,y) = 0$ (los vértices de un triángulo equilátero son un ejemplo en $\mathbb{R}^2$), entonces $A_C = A$. En efecto; basta notar que para cada $x \in A$ se tiene $r_x(A) = diam(A)$.

Teorema 4.9. *Si (M, W, d) es un espacio métrico convexo y compacto, entonces M_C es W-convexo y compacto.*

Veremos ahora que es posible obtener puntos centrales estrictos (que no sean los que realizan el diámetro) en un conjunto infinito.

Proposición 4.10. *Sea A un subconjunto compacto en un espacio métrico convexo (M, W, d). Entonces si $diam(A) > 0$, existe $u \in conv(A)$ tal que $r_u(A) < diam(A)$.*

Prueba. Por la compacidad de A, existen $x_1, x_2 \in A$ tales que $diam(A) = d(x_1, x_2)$. Sea Λ el subconjunto maximal de A tal que $\{x_1, x_2\} \subset \Lambda$ y $d(x,y) = 0$ o $d(x,y) = diam(A)$ para cada $x, y \in \Lambda$, esto es, Λ está formado por puntos equidistantes con distancia igual al diámetro de A. Notemos que Λ es finito, puesto que A es compacto, de modo que podemos asumir que $\Lambda = \{z_1, \cdots, z_n\}$. Consideremos los puntos

$$\begin{aligned} y_1 &= W(z_1, z_2, \tfrac{1}{2}), \\ y_2 &= W(z_3, y_1, \tfrac{1}{3}), \\ &\vdots \\ y_{n-2} &= W(z_{n-1}, y_{n-3}, \tfrac{1}{n-1}), \\ y_{n-1} &= W(z_n, y_{n-2}, \tfrac{1}{n}). \end{aligned}$$

Estos puntos son elementos de $conv(A)$. Por otro lado, de la compacidad de A, existe $y_0 \in A$ tal que $d(y_0, y_{n-1}) = \sup\{d(x, u) : x \in A\}$. Además, usando la propiedad de la estructura convexa

$$\begin{aligned} d(y_0, y_{n-1}) &\leq \frac{1}{n} d(y_0, z_n) + \frac{n-1}{n} d(y_0, y_{n-2}), \\ &\leq \frac{1}{n} d(y_0, z_n) + \frac{n-1}{n}\left(\frac{1}{n-1} d(y_0, z_{n-1}) + \frac{n-2}{n-1} d(y_0, y_{n-3})\right), \\ &= \frac{1}{n} d(y_0, z_n) + \frac{1}{n} d(y_0, z_{n-1}) + \frac{n-2}{n} d(y_0, y_{n-3}), \\ &\vdots \quad , \\ &\leq \frac{1}{n} \sum_{k=1}^{n} d(y_0, z_k) \leq diam(A). \end{aligned}$$

Por consiguiente si $d(y_0, y_{n-1}) = diam(A)$, entonces $\frac{1}{n}\sum_{k=1}^{n} d(y_0, z_k) = diam(A)$, y como $d(y_0, z_k) \leq diam(A)$ para todo $k = 1, 2, \cdots, n$, resulta que $d(y_0, z_k) = diam(A) > 0$ para cada $k = 1, 2, \cdots, n$. Entonces, $y_0 \in \Lambda$ lo cual contradice la maximalidad de dicho conjunto. Así, debe cumplirse que $d(y_0, y_{n-1}) < diam(A)$, esto es, la proposición es válida tomando $u = y_{n-1}$. □

Ejercicios

4.1 Demuestre el Corolario 4.3.

4.2 Demuestre el Teorema 4.9.

4.3 Pruebe que para $u, v, w \in M$ se tiene $conv\{conv\{u, v\}, w\} = conv\{u, v, w\}$.

4.4 De un ejemplo de un espacio métrico convexo (M, W, d) y un subconjunto A del mismo tal que

$$conv(A) \setminus \{W(x, y, \lambda) : x, y \in A, \lambda \in [0, 1]\} \neq \emptyset.$$

5. Funciones W-convexas

En el sentido clásico, sobre un espacio normado E, se define la *convexidad* para una función $g : E \to \mathbb{R}$ a través de la condición $g((1-\lambda)x + \lambda y) \leq (1-\lambda)g(x) + \lambda g(y)$ para cada $x, y \in E$ y $\lambda \in [0,1]$. Es, entonces, natural esperar una noción análoga sobre los espacios métricos convexos.

Definición 5.1. *Sea (M, W, d) un espacio métrico convexo. Diremos que una aplicación $f : M \to \mathbb{R}$ es W-convexa si para todo $x, y \in X$ y cada $\lambda \in [0,1]$ se tiene*

$$f(W(x,y,\lambda)) \leq (1-\lambda)f(x) + \lambda f(y).$$

En caso la desigualdad sea estricta, diremos que f es estrictamente W-convexa.

Usando el Ejemplo 1.2 del presente capítulo se tiene que toda función convexa, en el sentido clásico, es W-convexa. Así, la noción de W-convexidad extiende a la convexidad clásica.

El siguiente, es un ejemplo de una función W-convexa que no está definida en un espacio normado.

Ejemplo 5.2. Sea (M, W, d) el espacio métrico convexo dado en el Ejemplo 1.3 y sobre este espacio definimos para cada a y $r > 0$

$$f(B[a,r]) = \|a\| + |r|.$$

Afirmamos que f es W-convexa. En efecto; dado $\lambda \in [0,1]$ se tiene

$$\begin{aligned} f(W(B[a_1,r_1], B[a_2,r_2],\lambda)) &= f(B[(1-\lambda)a_1 + \lambda a_2, (1-\lambda)r_1 + \lambda r_2]) \\ &= \|(1-\lambda)a_1 + \lambda a_2\| + |(1-\lambda)r_1 + \lambda r_2| \\ &\leq (1-\lambda)(\|a_1\| + |r_1|) + \lambda(\|a_2\| + |r_2|) \\ &= (1-\lambda)f(B[a_1,r_1]) + \lambda f(B[a_2,r_2]). \end{aligned}$$

Luego f es W-convexa.

Recordemos que una métrica cuando se fija una de sus entradas induce una aplicación de Lipschitz de valores reales (ver Ejercicio 2.2 del Capítulo 2). En el caso de los espacio métricos convexos, al considerar la misma aplicación obtenemos una aplicación W-convexa.

Ejemplo 5.3. Sea (M, W, d) un espacio métrico convexo y sea $x_0 \subset M$, la aplicación $C : M \to \mathbb{R}$ tal que $C(x) = d(x, x_0)$ es W-convexa. En efecto; dados $x, y \in E$ y

$\lambda \in [0,1]$, por la definición de estructura convexa obtenemos

$$\begin{aligned} C(W(x,y,\lambda)) &= d(W(x,y,\lambda),x_0) \\ &\leq (1-\lambda)d(x,x_0)+\lambda d(y,x_0) \\ &= (1-\lambda)C(x)+\lambda C(y). \end{aligned}$$

Luego C es W-convexa.

Proposición 5.4. *Sea (M,W,d) un espacio métrico convexo y sea $f : M \to \mathbb{R}$ W-convexa. Si $g : \mathbb{R} \to \mathbb{R}$ es creciente y convexa, en el sentido clásico, entonces $g \circ f$ es W-convexa.*

Considerando la funciónes convexas $g_1(x) = e^x$ y $g_2(x) = I_{[0,+\infty)}(x)x^2$, el resultado anterior nos dice que, sobre un espacio métrico convexo (M,W,d), las aplicaciones

$$f_1(x) = (g_1 \circ C)(x) = e^{d(x,x_0)} \text{ y } f_2(x) = (g_2 \circ C)(x) = d(x,x_0)^2,$$

son W-convexas.

Proposición 5.5. *En un espacio métrico convexo (M,W,d), se verifican*

(1) *La resticción de una aplicación W-convexa a un conjunto W-convexo, es W-convexa.*

(2) *La suma de aplicaciones W-convexas es W-convexa.*

(3) *Si f es W-convexa y $\alpha \geq 0$, entonces αf es W-convexa.*

Prueba. Sea $f : M \to \mathbb{R}$ una aplicación W-convexa. Probemos el item (1), sea $K \subset M$ un conjunto W-convexo. Dados $x,y \in K$ y $\lambda \in [0,1]$, entonces por la convexidad $W(x,y,\lambda) \in K$. Además $W(x,y,\lambda) \in M$, de donde

$$f(W(x,y,\lambda)) \leq (1-\lambda)f(x)+\lambda f(y).$$

Por lo tanto $f|_K : K \to \mathbb{R}$ es W-convexa. Para el item (2), consideremos dos aplicaciones $f_1, f_2 : M \to \mathbb{R}$ W-convexas. Entonces, para $x,y \in K$ y $\lambda \in [0,1]$

$$\begin{aligned} (f_1+f_2)(W(x,y,\lambda)) &= f_1(W(x,y,\lambda))+f_2(W(x,y,\lambda)) \\ &\leq (1-\lambda)f_1(x)+\lambda f_1(y)+(1-\lambda)f_2(x)+\lambda f_2(y) \\ &= (1-\lambda)(f_1+f_2)(x)+\lambda(f_1+f_2)(y). \end{aligned}$$

El item (3), es dejado como ejercicio para el lector. □

Proposición 5.6. *Sea (M, W, d) espacio métrico convexo y sea $(C_n)_{n\in\mathbb{N}}$ una secuencia de subconjuntos de M, W-convexos. Si $f_n : C_n \to \mathbb{R}$ es W-convexa para cada $n \in \mathbb{N}$, entonces $f = \sup_{n\in\mathbb{N}} f_n$ es W-convexa en $A \cap B$ donde $A = \bigcap_{n\in\mathbb{N}} C_n$ y $B = \{x \in M : \sup_{n\in\mathbb{N}} f_n(x) < \infty\}$.*

Prueba. Sean $x, y \in A \cap B$ y $\lambda \in [0, 1]$. Dado $n \in \mathbb{N}$, entonces $W(x, y, \lambda) \in C_n$ y usando la W-convexidad de f_n obtenemos

$$f_n(W(x,y,\lambda)) \leq (1-\lambda)f_n(x) + \lambda f_n(y) \leq (1-\lambda)\sup_{n\in\mathbb{N}} f_n(x) + \lambda \sup_{n\in\mathbb{N}} f_n(y),$$

de donde $f_n(W(x, y, \lambda)) < \infty$ para cada $n \in \mathbb{N}$, entonces $W(x, y, \lambda) \in A \cap B$, note que $W(x, y, \lambda) \in A$ al usar la Proposición 2.4. Finalmente, la desigualdad anterior implica

$$f(W(x,y,\lambda)) \leq (1-\lambda)f(x) + \lambda f(y).$$

□

Proposición 5.7. *Sea (M, W, d) espacio métrico convexo. Si $f : M \to \mathbb{R}$ es una aplicación continua tal que*

$$f\left(W\left(x, y, \frac{a+b}{2}\right)\right) \leq \frac{1}{2}f(W(x,y,a)) + \frac{1}{2}f(W(x,y,b)),$$

para cada $x, y \in M$ y $a, b \in [0, 1]$, entonces f es W-convexa.

Prueba. Consideremos el conjunto $\Lambda_n = \{m/2^{n-1} : m = 0, 1, \cdots, 2^{n-1}\}$ para cada $n \in \mathbb{N}$. Probaremos inicialmente, usando inducción sobre $n \in \mathbb{N}$, que

$$f(W(x,y,\lambda) \leq (1-\lambda)f(x) + \lambda f(y),$$

para cada $x, y \in M$ y $\lambda \in \Lambda_n$. Notemos que para $n = 1$, $\Lambda_1 = \{0, 1\}$ esta afirmación es válida, ya que $W(x, y, 0) = x$ y $W(x, y, 1) = y$. Supongamos ahora que la afirmación es cierta para $n = k$ y sean $x, y \in M$ y $\lambda \in \Lambda_{k+1}$. Sin pérdida de generalidad, podemos asumir que $\lambda > 0$. Entonces, existen $u, v \in \Lambda_k$ tal que $\lambda = \frac{u+v}{2}$ (por ejemplo, si $\lambda = m/2^n$, basta tomar $u = \frac{1}{2^{n-1}}$ y $u = \frac{m-1}{2^{n-1}}$). Luego, la hipótesis inductiva implica que

$$f(W(x,y,s)) \leq (1-s)f(x) + sf(y), \quad s \in \{u, v\}.$$

Usando la condición de f,

$$
\begin{aligned}
f(W(x,y,\lambda)) &\leq \frac{1}{2}f(W(x,y,u))+\frac{1}{2}f(W(x,y,v))\\
&\leq \frac{1}{2}((1-u)f(x)+uf(y))+\frac{1}{2}((1-v)f(x)+vf(y))\\
&= (1-\lambda)f(x)+\lambda f(y).
\end{aligned}
$$

Esto muestra que la afirmación también es válida para $n=k+1$.

Para finalizar, es suficiente notar que $\Lambda=\bigcup_{n\in\mathbb{N}}\Lambda_n$ es denso en $[0,1]$ y usar la continuidad de $f\circ W$ en la última coordenada. Sea $t\in[0,1]$ y sea (λ_n) una secuencia en Λ que converge a t. Por la afirmación, para cada $n\in\mathbb{N}$

$$
f(W(x,y,\lambda_n)) \leq (1-\lambda_n)f(x)+\lambda_n f(y).
$$

Haciendo $n\to\infty$, obtenemos que $f(W(x,y,t))\leq(1-t)f(x)+tf(y)$.

□

Del Análisis Convexo clásico, se conoce que en un espacio normado de dimensión finita, E, toda aplicación $f:E\to\mathbb{R}$ convexa es continua, mientras que en espacios de dimensión infinita existen aplicaciones lineales, y en particular convexas, que no son continuas (ver Ejemplo 4.6 del capítulo 2). En los espacio métricos convexos, bajo ciertas condiciones sobre la estructura convexa, podemos obtener la continuidad de las aplicaciones W-convexas.

En lo que resta de esta sección, trabajaremos sobre espacios métricos convexos (M,W,d) con la siguiente propiedad: dados $x,y\in M$, para cada $\lambda\in[0,1]$, existe $w\in M$ tal que $x=W(y,w,\lambda)$. Esta propiedad es naturalmente satisfecha sobre los espacios normados con la estructura convexa usual.

Teorema 5.8. *Si $f:M\to\mathbb{R}$ es W-convexa y localmente acotada en un espacio métrico convexo, entonces f es continua.*

Prueba. Sea $x\in M$ y sea $(x_n)_{n\in\mathbb{N}}$ una secuencia en M tal que $d(x_n,x)\to 0$. Existe $M>0$ tal que $|f(z)|\leq M$ para cada $z\in B(x,2r)$ y algún $r>0$. Sin pérdida de generalidad podemos asumir que $x_n\in B(x,2r)$ para todo $n\in\mathbb{N}$. Por la hipótesis, existe $w\in M$ tal que

$$
x=W\left(x_n,w,\frac{d(x,x_n)}{r+d(x,x_n)}\right).
$$

Notemos que $w \in B(x, 2r)$, ya que

$$\begin{aligned} d(w,x) &\leq \left(1 - \frac{d(x,x_n)}{r + d(x,x_n)}\right) d(x_n, w), \\ &= \frac{r d(x_n, w)}{r + d(x, x_n)}. \end{aligned}$$

Por la Proposición 3.1, $d(x_n, w) = d(x_n, x) + d(x, w)$. Entonces

$$d(w,x) \leq \frac{r d(x_n, x)}{r + d(x,x_n)} + \frac{r d(x,w)}{r + d(x,x_n)},$$

de donde $d(w, x) \leq r$. Usando la W-convexidad de f,

$$f(x) \leq \left(1 - \frac{d(x,x_n)}{r + d(x,x_n)}\right) f(x_n) + \frac{d(x,x_n)}{r + d(x,x_n)} f(w).$$

Luego obtenemos las siguientes desigualdades

$$\begin{aligned} f(x) - f(x_n) &\leq \frac{d(x,x_n)}{r + d(x,x_n)}(f(w) - f(x_n)), \\ &\leq \frac{d(x,x_n)}{r}(f(w) - f(x_n)), \\ &\leq \frac{2M}{r} d(x,x_n). \end{aligned}$$

Intercambiando x por x_n, de modo análogo obtenemos

$$|f(x) - f(x_n)| \leq \frac{2M}{r} d(x, x_n).$$

Haciendo $n \to +\infty$, probamos la continuidad de f en x.

□

Ejercicios

5.1 Demuestre la Proposición 5.4.

5.2 Probar que si $f : M \to \mathbb{R}$ es estrictamente W-convexa, entonces f solo admite un mínimo global en M.

5.3 Probar que el máximo de un número finito de aplicaciones W-convexas, es W-convexa.

5.4 Demuestre el item (3) de la Proposición 5.5.

5.5 Pruebe que la medida de Lebesgue en $[0,1]$ es una aplicación W-convexa sobre la familía de intervalos cerrados $\mathcal{F}$ contenidos en $[0,1]$ con la estructura

$$W(I_1, I_2, \lambda) = [\lambda a_1 + (1-\lambda)a_2, \lambda b_1 + (1-\lambda)b_2],$$

dada en el Ejercicio 1.1.

5.6 Sea $f : M \to \mathbb{R}$ una aplicación W-convexa. Probar que para cada $\alpha \in \mathbb{R}$ el conjunto $\{x \in M : f(x) \leq \alpha\}$ es W-convexo.

5.7 Sea (M, W, d) espacio métrico convexo y sean $x_0, y_0 \in M$. Si $f : M \to \mathbb{R}$ es W-convexa, entonces pruebe que la restricción de f a $[x_0, y_0]_W$ es continua.

5.8 Pruebe que $f : M \to \mathbb{R}$ es W-convexa si y solo si f es localmente Lipschitz.

5.9 Sea (M, W, d) espacio métrico convexo y compacto. Si $T : M \to M$ es no expansora (ver Proposición 13.4 del Capítulo 2) y $f : M \to \mathbb{R}$ tal que $f(x) = d(x, T(x))$ es estrictamente W-convexa, entonces $Fix(T) \neq \emptyset$.

6. Aplicaciones a la Teoría del Punto Fijo

Dado que la literatura de la Teoría del punto fijo es muy amplia, en este capítulo estudiaremos los criterios sobre espacio métricos convexos. Iniciaremos con las aplicaciones tipo Laskar, las aplicaciones iteradas y las involuciones Lipschitzianas sobre espacio métricos convexos. Para mayores referencias pueden verse [**3**] y [**7**].

6.1. Puntos fijos asintóticos. A continuación estudiaremos algunos criterios inducidos por las aplicaciones tipo Laskar, las cuales aparecieron por primera vez sobre espacios de Banach uniformemente convexos y que, como veremos luego, pueden extenderse para espacios métricos convexos haciendo uso de la convexidad uniforme.

Definición 6.1. *Sea (M, d) un espacio métrico. Una aplicación $T : M \to M$ se dice que es de tipo Laskar si existen secuencias $(a_n)_{n\in\mathbb{N}}, (b_n)_{n\in\mathbb{N}}$ y $(c_n)_{n\in\mathbb{N}}$ de números no negativos tales que $b_n + c_n < 1$, $\lim_{n\to\infty}\left(\frac{a_n+3b_n+c_n}{1-b_n-c_n}\right) = 1$ y*

$$\begin{aligned} d(T^n(x), T^n(y)) &\leq a_n \cdot d(x,y) + b_n \cdot [d(x, T^n(x)) + d(y, T^n(y))] + \\ &+ c_n \cdot [d(x, T^n(y)) + d(y, T^n(x))], \end{aligned}$$

para cada $x, y \in M$ y todo $n \geq 1$.

Ejemplo 6.2. Considere la métrica usual en $[0,1]$ y la aplicación $T:[0,1]\to[0,1]$ dada por $T(x)=x/3$. Entonces T es tipo Laskar al considerar las secuencias $a_n=1/3^n$, $b_n=1/4+1/3n$ y $c_n=1/4n$.

Previo a obtener un resultado de existencia de puntos fijos en espacios métricos convexos, abordaremos algunas herramientas de geometría métrica convexa.

Sea $(x_n)_{n\in\mathbb{N}}$ una secuencia acotada en un espacio métrico (M,d) y sea C un subconjunto no vacío de M. Definamos la aplicación $r(\cdot,\{x_n\}):C\to[0,\infty)$ de modo que para cada $x\in C$ se tenga

$$r(x,\{x_n\})=\limsup_{n\to\infty} d(x,x_n)=\inf_n \sup_{k\geq n}\{d(x,x_k)\}.$$

Proposición 6.3. *Si C es W-convexo, la aplicación $r(\cdot,\{x_n\}):C\to[0,\infty)$ es W-convexa y Lipschitziana.*

Prueba. Dados $x,y\in X$ y $\lambda\in[0,1]$, usando el Ejemplo 5.3 y las propiedades del límite superior obtenemos las siguientes desigualdades

$$\begin{aligned} r(W(x,y,\lambda),\{x_n\}) &= \inf_n \sup_{k\geq n}\{d(W(x,y,\lambda),x_k)\},\\ &\leq \inf_n \sup_{k\geq n}\{(1-\lambda)d(x,x_k)+\lambda d(y,x_k)\},\\ &= (1-\lambda)\inf_n \sup_{k\geq n}\{d(x,x_k)\}+\lambda \inf_n \sup_{k\geq n}\{d(y,x_k)\},\\ &= (1-\lambda)r(x,\{x_n\})+\lambda r(y,\{x_n\}). \end{aligned}$$

Luego $r(\cdot,\{x_n\}))$ es W-convexa. Para mostrar que esta aplicación es Lipschitziana, basta notar que dados $x,y\in C$ se cumple

$$|r(x,\{x_n\})-r(y,\{x_n\})|\leq \limsup_{n\to\infty}|d(x,x_n)-d(y,x_n)|\leq d(x,y).$$

□

El *radio asintótico* ρ_C de $(x_n)_{n\in\mathbb{N}}$ con respecto a C es dado por

$$\rho_C=\inf\{r(x,\{x_n\}):x\in C\},$$

mientras que ρ denota al radio asintótico de $(x_n)_{n\in\mathbb{N}}$ con respecto a M. Un punto $z\in C$ se dice que es un *centro asintótico* de $(x_n)_{n\in\mathbb{N}}$ con respecto a C si $r(z,\{x_n\})=\min\{r(x,\{x_n\}):x\in C\}$. Denotaremos al conjunto de centros asintóticos de $\{x_n\}$ respecto de C como $A(C,\{x_n\})$. Cuando $C=X$, escribiremos $A(\{x_n\})$ en lugar de $A(X,\{x_n\})$.

Lema 6.4. *Sea C un subconjunto no vacío, convexo y cerrado de un espacio uniformemente convexo y completo (M, W, d). Entonces cada secuencia acotada $(x_n)_{n\in\mathbb{N}}$ tiene un único centro asintótico con respecto a C.*

Prueba. Debemos probar que existe un único $z \in C$ tal que $r(z, \{x_n\}) = \rho_C$, y para esto, es suficiente probar que la aplicación $r(\cdot, \{x_n\}) : C \to [0, \infty)$ alcanza su mínimo en exactamente un punto de C. Consideremos para cada $m \in \mathbb{N}$ los conjuntos

$$C_m = \left\{ x \in C : r(x, \{x_n\}) \leq \rho_C + \frac{1}{m} \right\}.$$

Usando la Proposición 5.8 y el Ejercicio 5.6, cada C_m es cerrado y W-convexo. Además estos conjuntos son acotados, caso contrario existe $m_0 \in \mathbb{N}$ para el cual es posible encontrar una secuencia $(y_n)_{n\in\mathbb{N}}$ en C_{m_0} tal que $d(y_n, a) \geq n$ para cada $n \in \mathbb{N}$ y algún $a \in C_{m_0}$. Luego

$$n \leq d(y_n, x_n) + d(x_n, a) \leq \rho_C + \frac{1}{m_0} + d(x_n, a),$$

de donde $(x_n)_{n\in\mathbb{N}}$ no es una secuencia acotada. Así, por el Teorema 4.7 se tiene que $\bigcap_{m=1}^{\infty} C_m \neq \emptyset$. Fijando $z \in \bigcap_{m=1}^{\infty} C_m$. Supongamos que $r(z, \{x_n\}) > \rho_C$, luego existe $m_1 \in \mathbb{N}$ tal que $m_1(r(z, \{x_n\}) - \rho_C) > 1$, es decir, $r(z, \{x_n\}) > \rho_C + 1/m_1$ entonces $z \notin C_{m_1}$. Luego $r(z, \{x_n\}) \leq \rho_C$, por tanto $r(z, \{x_n\}) = \rho_C$, en consecuencia, z es un mínimo de $r(\cdot, \{x_n\})$.

Veamos ahora la unicidad para esto supongamos que existan $z_1, z_2 \in C$ tales que $r(z_1, \{x_n\}) = r(z_2, \{x_n\}) = \rho_C$ y $d(z_1, z_2) = \alpha > 0$. Entonces para cada $\varepsilon \in (0, 1]$, existe $n_0 \geq 1$ tal que $d(z_1, x_n) \leq \rho_C + \varepsilon$ y $d(z_2, x_n) \leq \rho_C + \varepsilon$ para cada $n \geq n_0$. Dado que $d(z_1, z_2) = \left(\frac{\alpha}{\rho_C + \varepsilon}\right).(\rho_C + \varepsilon) \geq \left(\frac{\alpha}{\rho_C + 1}\right).(\rho_C + \varepsilon)$, por la convexidad uniforme se tiene que

$$d\left(W(z_1, z_2, \frac{1}{2}), x_n\right) \leq (1 - \alpha)(\rho_C + \varepsilon).$$

Haciendo $n \to \infty$ y $\varepsilon \to 0$ obtenemos

$$r\left(W(z_1, z_2, \frac{1}{2}), \{x_n\}\right) \leq (1 - \alpha)\rho_C,$$

de esta forma $W(z_1, z_2, \frac{1}{2})$ es un punto en C cuyo valor, vía r, es menor que el mínimo ya que

$$r\left(W(z_1, z_2, \frac{1}{2}), \{x_n\}\right) < \rho_C.$$

Esto es una contradicción, por tanto el mínimo es único. □

Lema 6.5. *Sea C un subconjunto no vacío, convexo y cerrado de un espacio uniformemente convexo (M, W, d). Sea ρ_C el radio asintótico de una secuencia acotada $(x_n)_{n\in\mathbb{N}}$ en C tal que $A(C, \{x_n\}) = \{y\}$. Si $(y_m)_{m\in\mathbb{N}}$ es otra secuencia en C tal que $\lim_{m\to\infty} r(y_m, \{x_n\}) = \rho_C$, entonces $d(y_m, y) \to 0$.*

Prueba. Procedamos por contradicción. Si la secuencia $(y_m)_{m\in\mathbb{N}}$ no converge a y, entonces existe $M > 0$ y una subsecuencia $(y_{m_k})_{k\in\mathbb{N}}$ de $(y_m)_{m\in\mathbb{N}}$ tal que $d(y_{m_k}, y) \geq M/2$ para cada $k \geq 1$. Dado que $A(C, \{x_n\}) = \{y\}$, para $\varepsilon \in (0, 1]$ existe N_1 tal que $d(y, x_n) \leq \rho_C + \varepsilon$ para todo $n \geq N_1$. También de

$$\lim_{m\to\infty} r(y_m, \{x_n\}) = \lim_{k\to\infty} r(y_{m_k}, \{x_n\}) = \rho_C,$$

existe k_1 tal que $r(y_{m_k}, \{x_n\}) \leq \rho_C + \varepsilon/2$ para cada $k \geq k_1$. Por tanto, usando la definición de límite superior, existe n_2 tal que $d(y_{m_k}, x_n) \leq \rho_C$ para cualesquier $n \geq N_2$ y $k \geq k_1$. Esto es, para todo $k \geq k_1$ se verifica

$$\max\{d(y, x_n), d(y_{m_k}, x_n)\} \leq \rho_C + \varepsilon \text{ para cada } n \geq N = \max\{N_1, N_2\}.$$

Dado que $d(y_{m_k}, y) = \frac{M}{2} = \left(\frac{M}{2(\rho_C+\varepsilon)}\right).(\rho_C + \varepsilon) \geq \left(\frac{M}{2(\rho_C+1)}\right).(\rho_C + \varepsilon)$, por la convexidad uniforme se tiene que

$$d\left(W(y_{m_k}, y, \frac{1}{2}), x_n\right) \leq (1 - \alpha)(\rho_C + \varepsilon).$$

Haciendo $n \to \infty$ y $\varepsilon \to 0$ obtenemos

$$r\left(W(z_1, z_2, \frac{1}{2}), \{x_n\}\right) \leq (1 - \alpha)\rho_C < \rho_C,$$

lo cual contradice el hecho que ρ_C sea el radio asintótico de la secuencia $\{x_n\}$. Por lo tanto, $d(y_m, y) \to 0$ cuando $m \to \infty$.

□

El siguiente resultado es conocido como *Teorema del punto fijo de Laskar.*

Teorema 6.6. *Sea C un subconjunto no vacío, convexo y cerrado de un espacio uniformemente convexo (M, W, d). Si $T : C \to C$ es una aplicación continua que dc tipo Laskar, entonces $Fix(T) \neq \emptyset$. Además, si para algún $n \in \mathbb{N}$ se tiene $a_n + 2c_n < 1$, entonces $Fix(T)$ es unitario.*

Prueba. Sea $x_0 \in C$ y sea $(x_n)_{n\in\mathbb{N}}$ la secuencia tal que $x_n = T^n(x_0)$ para cada $n \geq 1$. Sea z_0 el centro asintótico y sea ρ el radio asintótico de $\{x_n\}$ en C. Consideremos la secuencia $(z_n)_{n\in\mathbb{N}}$ tal que $z_j = T^j(z_0)$ para cada $j \geq 1$. Afirmamos que $r(z_j, \{x_n\}) \to \rho$ cuando $j \to \infty$. Para mostrar esto tomemos j, n con $j < n$, desde que T es tipo Laskar

$$\begin{aligned}
d(z_j, x_n) &= d(T^j(z_0), T^j(x_{n-j})), \\
&\leq a_j d(z_0, x_{n-j}) + b_j[d(z_0, T^j(z_0)) + d(x_{n-j}, T^j(x_{n-j}))] + \\
&\quad + c_j[d(z_0, T^j(x_{n-j})) + d(x_{n-j}, T^j(z_0))], \\
&= a_j d(z_0, x_{n-j}) + b_j[d(z_0, z_j) + d(x_{n-j}, x_n)] + c_j[d(z_0, x_n) + d(x_{n-j}, z_j)], \\
&\leq a_j d(z_0, x_{n-j}) + b_j[2d(z_0, x_n) + d(z_0, x_{n-j}) + d(z_j, x_n)] + \\
&\quad + c_j[d(z_0, x_n) + d(x_{n-j}, z_j)].
\end{aligned}$$

Por consiguiente,

$$(1 - b_j)d(z_j, x_n) \leq (a_j + b_j)d(z_0, x_{n-j}) + (2b_j + c_j)d(z_0, x_n) + c_j d(x_{n-j}, z_j).$$

Dado $\varepsilon > 0$, por definición de z_0 y ρ, existe $n_0 \in \mathbb{N}$ tal que $d(z_0, x_n) < \rho + \varepsilon/2$ para cada $n \geq n_0$. Luego fijado $j \geq 1$, se tiene $d(z_0, x_{n-j}) < \rho + \varepsilon/2$ para cada $n \geq n_0 + j$. Por tanto, para todo $n \geq n_0 + j$

$$\begin{aligned}
(1 - b_j)d(z_j, x_n) &\leq (a_j + b_j)d(z_0, x_{n-j}) + (2b_j + c_j)d(z_0, x_n) + c_j d(x_{n-j}, z_j), \\
&\leq (a_j + 3b_j + c_j)(\rho + \varepsilon/2) + c_j d(x_{n-j}, z_j).
\end{aligned}$$

Tomando límite superior en ambos lados

$$(1 - b_j)r(z_j, \{x_n\}) \leq (a_j + 3b_j + c_j)(\rho + \varepsilon/2) + c_j r(z_j, \{x_n\}),$$

de donde

$$r(z_j, \{x_n\}) \leq \left(\frac{a_j + 3b_j + c_j}{1 - b_j - c_j}\right)\left(\rho + \frac{\varepsilon}{2}\right), \text{ para cada } j \geq 1.$$

Luego existe $n_1 \in \mathbb{N}$ tal que $r(z_j, \{x_n\}) < \varepsilon + \rho$ para cada $j \geq n_1$, esto es, $r(z_j, \{x_n\}) \to \rho$ cuando $j \to \infty$. Por Lema 6.5, $z_j \to z_0$ cuando $j \to \infty$. Así, por la continuidad T se tiene que $T(z_j) \to T(z_0)$. Finalmente por la desigualdad triangular se tiene que

$$\begin{aligned}
d(z_0, T(z_0)) &\leq d(z_0, T(z_j)) + d(T(z_j), T(z_0)), \\
&= d(z_0, z_{j+1}) + d(T(z_j), T(z_0)) \to 0.
\end{aligned}$$

Lo cual implica que $z_0 \in Fix(T)$. Veamos ahora la unicidad. Supongamos existan $p, q \in C$ puntos fijos de T. Usando la propiedad de Laskar para cada $n \in \mathbb{N}$ obtenemos

$$d(p,q) = d(T^n(p), T^n(q)) \leq (a_n + 2c_n)d(p,q),$$

de donde $1 \leq a_n + 2c_n$ para todo $n \geq 1$. Lo cual es una contradicción. □

Como consecuencia directa de este resultado obtenemos el siguiente corolario.

Corolario 6.7. *Sea C un subconjunto no vacío, convexo y cerrado de un espacio uniformemente convexo (M, W, d). Si $T : C \to C$ es una aplicación satisface $d(T^n(x), T^n(y)) \leq k_n d(x,y)$, donde $(k_n)_{n\in\mathbb{N}}$ es una secuencia de números no negativos tales que $\lim_{n\to\infty} k_n = 1$, entonces $Fix(T) \neq \emptyset$.*

Prueba. Basta tomar $b_n = c_n = 0$ y $k_n = a_n$ para mostrar que T es tipo Laskar y el resultado se sigue por el Teorema 6.6. □

Finalizaremos esta sección con un resultado para aplicaciones que tienen un comportamiento similar a una isometría.

Dado (M, d) un espacio métrico, decimos que $T : M \to M$ es *equicontinua* si para cada $\varepsilon > 0$, existe $\delta > 0$ tal que si $d(x,y) \leq \delta$ entonces $d(T^n(x), T^n(y)) < \varepsilon$ para cada $n \geq 1$. La siguiente es una equivalencia de la equicontinuidad en función a las secuencias.

Proposición 6.8. *Una aplicación $T : M \to M$ es equicontinua si y solo si para cada par de secuencias $(x_n)_{n\in\mathbb{N}}$, $(y_n)_{n\in\mathbb{N}}$ que satisfacen $d(x_n, y_n) \to 0$ se verifica que $d(T^n(x_n), T^n(y_n)) \to 0$.*

Prueba. Probaremos solo la necesidad de esta condición. Sean $(x_n)_{n\in\mathbb{N}}$, $(y_n)_{n\in\mathbb{N}}$ tales que $d(x_n, y_n) \to 0$. Dado $\varepsilon > 0$, sea $\delta > 0$ de la equicontinuidad de T. Para este δ existe $N \geq 1$ tal que $d(x_n, y_n) < \delta$ para cada $n \geq N$. Luego, por la equicontinuidad, $d(T^j(x_n), T^j(y_n)) < \varepsilon$ para cualesquier $j \geq 1$ y $n \geq N$. Así, basta tomar $j = n$ para obtener que $d(T^n(x_n), T^n(y_n)) \to 0$. □

Lema 6.9. *Sea C un subconjunto no vacío, convexo, cerrado y acotado de un espacio métrico convexo (M, W, d) y sea $T : C \to C$ es una aplicación equicontinua. Fijado $x \in C$, consideremos la secuencia $(x_n)_{n\in\mathbb{N}}$ tal que $x_1 = x$ y*

$$x_{n+1} = W\left(x_n, T^n(x_n), \frac{1}{2}\right). \tag{6}$$

Luego si $\lim_{n\to\infty} d(x_n, T^n(x_n)) = 0$, entonces $\lim_{n\to\infty} d(x_n, T(x_n)) = 0$.

Prueba. Notemos que por la condición (6) para cada $n \in \mathbb{N}$ se tiene que

$$\begin{aligned} d(x_n, x_{n+1}) &= d\left(x_n, W\left(x_n, T^n(x_n), \frac{1}{2}\right)\right), \\ &\leq \frac{1}{2} d(x_n, T^n(x_n)). \end{aligned}$$

Por tanto $d(x_n, x_{n+1}) \to 0$ cuando $n \to \infty$, entonces por la Proposición 6.8 y la condición

$$\lim_{n\to\infty} d(x_n, T^n(x_n)) = 0,$$

se tiene que

$$\max\{d(x_{n+1}, T^{n+1}(x_{n+1})),\ d(T^{n+1}(x_{n+1}), T^{n+1}(x_n)),\ d(T^{n+1}(x_n), T(x_n))\} \to 0,$$

cuando $n \to \infty$. De donde se sigue el resultado al considerar las desigualdades

$$\begin{aligned} d(x_n, T(x_n)) &\leq d(x_n, x_{n+1}) + d(x_{n+1}, T^{n+1}(x_{n+1})) + \\ &+ d(T^{n+1}(x_{n+1}), T^{n+1}(x_n)) + d(T^{n+1}(x_n), T(x_n)). \end{aligned}$$

□

El siguiente resultado nos muestra una manera computable de aproximarse al punto fijo de Laskar.

Teorema 6.10. *Sea C un subconjunto no vacío, convexo, cerrado y acotado de un espacio uniformemente convexo (M, W, d). Si $T : C \to C$ es una aplicación tipo Laskar que satisface*

(1) *$T(C)$ es compacto.*

(2) *Para cada $n \in \mathbb{N}$, $a_n + 4b_n + 2c_n < 1$.*

Entonces, la secuencia $(x_n)_{n\in\mathbb{N}}$ definida en (6), converge al único punto fijo de T.

Prueba. Por el Teorema 6.6, T tiene un único punto fijo, esto es, $Fix(T) = \{p\}$. Ahora, aproximemos este punto fijo p a través de la secuencia $(x_n)_{n\in\mathbb{N}}$

$$\begin{aligned} d(x_{n+1}, p) &= d\left(W\left(x_n, T^n(x_n), \frac{1}{2}\right), p\right) \\ &\leq \frac{1}{2} d(x_n, p) + \frac{1}{2} d(T^n(x_n), p). \end{aligned}$$

Afirmamos que $d(T^n(x_n), p) \leq d(x_n, p)$ para cada $n \geq 1$. Previo a probar esto, notemos que al reemplazarlo en la desigualdad anterior implica que

$$d(x_{n+1}, p) \leq d(x_n, p) \text{ para todo } n \geq 1. \tag{7}$$

Probaremos ahora la afirmación. Dado que T es tipo Laskar,

$$\begin{aligned} d(T^n(x_n), p) &\leq a_n d(x_n, p) + b_n d(x_n, T^n(x_n)) + c_n\{d(x_n, p) + d(p, T^n(x_n))\}, \\ &\leq a_n d(x_n, p) + b_n\{d(x_n, p) + d(p, T^n(x_n))\} + \\ &\quad + c_n\{d(x_n, p) + d(p, T^n(x_n))\}, \end{aligned}$$

de donde

$$\begin{aligned} (1 - b_n - c_n) d(T^n(x_n), p) &\leq (a_n + b_n + c_n) d(x_n, p), \\ &\leq (a_n + 3b_n + c_n) d(x_n, p). \end{aligned}$$

Usando la desigualdad $\frac{a_n+3b_n+c_n}{1-b_n-c_n} \leq 1$ se obtiene que

$$d(T^n(x_n), p) \leq \frac{a_n + 3b_n + c_n}{1 - b_n - c_n} d(x_n, p) \leq d(x_n, p).$$

Lo cual justifica la afirmación. Continuando con la prueba del teorema, tenemos dos casos

Caso 1: Supongamos $d(x_n, T^n(x_n)) \not\to 0$, esto es, existen $\varepsilon > 0$ y una subsecuencia $(x_{\rho(k)})_{k\in\mathbb{N}}$ tales que $d(x_{\rho(k)}, T^{\rho(k)}(x_{\rho(k)})) \geq \varepsilon$ para cada $k \geq 1$. Luego, por la afirmación anterior se tiene $d(T^{\rho(k)}(x_{\rho(k)}), p) \leq d(x_{\rho(k)}, p)$ y además por la desigualdad (7), $d(x_{\rho(k)}, T^{\rho(k)}(x_{\rho(k)})) \geq \dfrac{\varepsilon}{d(x_1, p)} d(x_{\rho(k)}, p)$ para todo $k \geq 1$. Así, dado $k \in \mathbb{N}$, por la convexidad uniforme de M, existe $\alpha \in (0, 1)$ tal que

$$\begin{aligned} d(x_{\rho(k)+1}, p) &= d\left(p, W\left(x_{\rho(k)}, T^{\rho(k)}(x_{\rho(k)}), \frac{1}{2}\right)\right), \\ &\leq (1 - \alpha) d(x_{\rho(k)}, p). \end{aligned}$$

Repitiendo el proceso, obtenemos $d(x_{\rho(k+1)}, p) \leq (1 - \alpha)^k d(x_{\rho(1)}, p)$, por lo que $d(x_{\rho(k)}, p) \to 0$ cuando $n \to \infty$ y como la secuencia $(d(x_n, T^n(x_n)))_{n\in\mathbb{N}}$ es decreciente, esta es convergente. Lo cual es una contradicción.

Caso 2: Supongamos $d(x_n, T^n(x_n)) \to 0$. Por Lema 6.9, al ser T equicontinuo se obtiene que $d(x_n, T(x_n)) \to 0$. Además de la compacidad de $T(C)$, existe una subsecuencia $(x_{\rho(k)})_{k\in\mathbb{N}}$ tal que $d(T(x_{\rho(k)}), u) \to 0$ para algún $u \in C$ y por lo tanto $d(x_{\rho(k)}, u) \to 0$. Finalmente, usando la continuidad de T, se obtiene $d(T(u), u) = 0$ de donde u es punto fijo de T, por consiguiente $u = p$. Así, por (7), $d(x_n, p) \to 0$.

□

6.2. Existencia de puntos fijos para Involuciones Lipschitzianas. Finalizamos este capítulo con el desarrollo de una condición para la existencia de puntos fijos en involuciones lipschitzianas no contractivas.

Una aplicación $T : M \to X$ sobre un espacio métrico (M, d) es una *involución* si $T(T(x)) = x$ para todo $x \in M$, es decir $T^2 = I$. Con fines prácticos, diremos simplemente que T es involutiva. Notemos que existen involuciones lipschitzianas, esto es, aplicaciones involutivas que también son lipschitz.

Ejemplo 6.11. Para $M = [0, 1]$, con la métrica usual, la aplicación $T : [0, 1] \to [0, 1]$ tal que $T(x) = 1 - x$ es una involución lipschitziana.

Ejemplo 6.12. Sea (X, d) un espacio métrico. Si en $M = X \times \{0, 1\}$ consideramos la métrica ρ dada por

$$\rho((x_1, j_1), (x_2, j_2)) = \max\{d(x_1, x_2), |j_1 - j_2|\},$$

entonces la aplicación $T : M \to M$ tal que $T(x, 0) = (x, 1)$ y $T(x, 1) = (x, 0)$ es una involución lipschitziana.

Notemos que no toda involución admite algún punto fijo. Esto puede evidenciarse en los ejemplos anteriores, mientras que en el Ejemplo 6.11 se tiene $Fix(T) = \{1/2\}$, en el Ejemplo 6.12, $Fix(T) = \emptyset$. Lo anterior nos motiva a buscar condiciones sobre las cuales una involución admita un punto fijo.

Lema 6.13. *Sea (M, W, d) un espacio métrico convexo completo y sea K un subconjunto no vacío, cerrado y W-convexo de M. Dados $0 \le \alpha < 1$ y $\beta > 0$, si la aplicación $T : K \to K$ es Lipschitziana y para cada $x \in K$ existe $u \in K$ tal que*

$$d(T(u), u) \le \alpha d(T(x), x) \quad y \quad d(u, x) \le \beta d(T(x), x),$$

entonces $Fix(T) \neq \emptyset$.

Prueba. Sea $x_1 \in K$. Por la hipótesis, existe $x_2 \in K$ tal que

$$d(T(x_2), x_2) \le \alpha d(T(x_1), x_1) \text{ y } d(x_2, x_1) \le \beta d(T(x_1), x_1),$$

así, usando recursivamente la hipótesis, obtenemos la secuencia $\{x_n\}_{n\in\mathbb{N}} \subset K$ que satisface $d(T(x_{n+1}), x_{n+1}) \le \alpha d(T(x_n), x_n)$ y $d(x_{n+1}, x_n) \le \beta d(T(x_n), x_n)$. Note que si $N = d(T(x_1), x_1)$,

$$d(x_3, x_2) \le \beta\alpha N,$$

$$d(x_4, x_3) \le \beta\alpha^2 N,$$

y así,

$$d(x_{n+1}, x_n) \le \beta\alpha^{n-1} N.$$

Luego $\{x_n\}_{n\in\mathbb{N}}$ es de Cauchy, y por tanto, convergente en K. Si $x \in K$ es tal que $d(x_n, x) \to 0$, entonces

$$\begin{aligned} d(T(x), x) &\leq d(T(x), T(x_n)) + d(T(x_n), x_n) + d(x_n, x), \\ &\leq (1 + Lip(T))d(x_n, x) + \alpha^{n-1}N. \end{aligned}$$

Haciendo $n \to +\infty$, obtenemos $d(T(x), x) = 0$, es decir, $x \in Fix(T)$. □

Ahora enunciamos el resultado central de esta sección.

Teorema 6.14. *Sea (M, W, d) un espacio métrico convexo completo y sea K un subconjunto no vacío, cerrado y W-convexo de M. Si $T : K \to K$ es una involución lipschitziana con $Lip(T) \in [1, 2)$, entonces $Fix(T) \neq \emptyset$.*

Prueba. Dado $x \in K$, sea $u = W(x, T(x), 1/2) \in K$ y veremos que este valor satisface las condiciones del lema anterior para $\beta = 1/2$ y $\alpha = k/2$, note que por la hipótesis $k/2 \in [0, 1)$. Usando las propiedades de la estructura convexa, obtenemos

$$d(u, x) = d(W(x, T(x), 1/2), x) = \frac{1}{2}d(T(x), x),$$

y

$$\begin{aligned} d(u, T(u)) &= d(W(x, T(x), 1/2), T(u)), \\ &\leq \frac{1}{2}(d(x, T(u)) + d(T(x), T(u))). \end{aligned}$$

Note que por ser T involutivo se tiene $T^2(x) = x$, así

$$\begin{aligned} d(u, T(u)) &= \frac{1}{2}(d(T^2(x), T(u)) + d(T(x), T(u))), \\ &\leq \frac{k}{2}(d(T(x), u) + d(x, u)), \\ &= \frac{k}{2}d(T(x), x). \end{aligned}$$

Luego por Lema 6.13, $Fix(T) \neq \emptyset$. □

Es importante resaltar que en la prueba del Teorema anterior, es posible obtener una secuencia $\{x_n\}_{n\in\mathbb{N}}$ en K que se aproxima a un punto fijo. Basta fijar un $x_1 \in K$ y tomar $x_{n+1} = W(x_n, T(x_n), 1/2)$ para cada $n \in \mathbb{N}$. Note que esto es un versión mejorada del Teorema 6.10 de la sección anterior.

Referencias

[1] Abdelhakim, A., A convexity of functions on convex metric spaces of Takahashi and applications. *J. Egyptian Math. Soc.*, no. 3, 24 (2016), 348–354.

[2] Aoyama, K., Eshita, K., Takahashi, W., Iteration processes for nonexpansive mappings in convex metric spaces.*Nonlinear analysis and convex analysis*, 31–39, Yokohama Publ., Yokohama, 2007.

[3] Bose, S. C., Laskar, S. K., Fixed point theorems for certain class of mappings, *Jour. Math. Phy. Sci.*, 19 (1985), 503–509.

[4] Burago, D., Burago, Y., Ivanov, S., *A course in metric geometry*. Graduate Studies in Mathematics, 33. American Mathematical Society, 2001.

[5] Deza, M.M., Deza, E., *Encyclopedia of distances*. Springer-Verlag, Berlin, 2009.

[6] Fukhar-Ud-Din, Hafiz. Existence and Approximation of Fixed Points in Convex Metric Spaces. *Carpathian Journal of Mathematics*, vol. 30, no. 2, (2014), 175–185.

[7] Goebel, K., Zlotkiewicz, E., Some fixed point theorems in Banach spaces. *Coll. Math.* 23 (1971), 101–103.

[8] Goebel, K., Kirk, W. A., *Topics in Metric Fixed Point Theory*, Cambridge University Press, New York, 1990.

[9] Górnicki, J., Fixed points of involutions. *Math. Japonica* 43 (1996), 151–155.

[10] Górnicki, J., Fixed point theorems for Kannan type mappings. *J. Fixed Point Theory Appl.* 19 (2017), 2145–2152.

[11] Kannan, R., Some results on fixed points. *Bull. Calcutta Math.* Soc. 60 (1968), 71–76.

[12] Kijima, Y., Takahashi, W., A fixed point theorem for nonexpansive mappings in metric space. *Kodai Math. Sem. Rep.* 21 (1969), 326–330.

[13] Kirk, W.A., An abstract fixed point theorem for nonexpansive mappings, *Proc. Am. Math. Soc.* 82 (1981) 640–642 .

[14] Kirk, W.A., Fixed point theory for nonexpansive mappings II, *Contemp. Math.* 18 (1983) 121–140.

[15] Lang, S., *Undergraduate analysis.* Undergraduate Texts in Mathematics. Springer-Verlag, New York, 1983.

[16] Liepins, A cradle-song for a little tiger on fixed points, Topological Spaces and their Mappings. *Riga*, (1983) 61–69 .

[17] Lima, E., *Espaços métricos.* Projeto Euclides. Instituto de Matemática Pura e Aplicada, Rio de Janeiro, 1977.

[18] Penot, J.P., Fixed point theorems without convexity, *Bull. Soc. Math. Fr.* 60 (1979) 129–152.

[19] Pietsch , History of Banach Spaces and Linear Operators, Birkhauser, Boston, 2007

[20] Ribeiro, T., $\mathbb{R}^n$ não é homeomorfo a $\mathbb{R}^n - \{0\}$: uma prova elementar. Mat. Univ, 37, dez. 2004.

[21] Reich, S., Some remarks concerning contraction mappings. *Can. Math. Bull.* 14 (1971), 121–124.

[22] Schaefer, H., Wolff, H., *Topological Vector Spaces.* Springer Science, 24 jun. 1999.

[23] Takahashi, W., A convexity in metric space and nonexpansive mappings. I.*Kodai Math. Sem. Rep.* 22 (1970), 142–149.

[24] Taskovic, M. R., General convex topological spaces and fixed points, *Math. Moravica* 1 (1997) 127–134.

[25] Villavicencio, H., Compleción de cuerpos convexos. Pesquimat, v.18, n. 1, sep. 2016.

Printed by Books on Demand GmbH, Norderstedt / Germany